高 等 院 校 设 计 学 通 用 教 材

包装的形象策略与
视觉传达

过宏雷 编著

清華大学出版社

北京

图书在版编目（CIP）数据

包装的形象策略与视觉传达 / 过宏雷编著 . -- 北京：清华大学
出版社，2015

（高等院校设计学通用教材）

ISBN 978-7-302-41835-1

I. ①包… II. ①过… III. ①包装设计–研究 IV. ①TB482

中国版本图书馆CIP数据核字（2015）第248382号

责任编辑：纪海虹
封面设计：张　彬
责任校对：王荣静
责任印制：刘海龙

出版发行：清华大学出版社
　　　　　网　　　址：http://www.tup.com.cn, http://www.wqbook.com
　　　　　地　　　址：北京清华大学学研大厦A座　　邮　　编：100084
　　　　　社 总 机：010-62770175　　邮　　购：010-62786544
　　　　　投稿与读者服务：010-62776969, c-service@tup.tsinghua.edu.cn
　　　　　质量反馈：010-62772015, zhiliang@tup.tsinghua.edu.cn
印 装 者：北京亿浓世纪彩色印刷有限公司
经　　销：全国新华书店
开　　本：185mm×260mm　　印　　张：9.25　　字　　数：234千字
版　　次：2015年10月第1版　　印　　次：2015年10月第1次印刷
印　　数：1～3500
定　　价：48.00元

产品编号：065508-01

序一

2011年4月，国务院学位委员会发布了《学位授予和人才培养学科目录（2011年）》，设计学升列为一级学科。设计学不复使用"艺术设计"（本科专业目录曾用）和"设计艺术学"（研究生专业目录曾用）这样的名称，而直接就是"设计学"。这是设计学科一次重要的变革。从工艺美术到设计艺术（或艺术设计），再到设计学，学科名称的变化反映了人们对这门学科认识的深化。设计学成为一级学科，意味着我国设计领域的很多学术前辈期盼的"构建设计学"之路开始了真正的起步。

事实上，在今天，设计学已经从有相对完整教学体系的应用造型艺术学科发展成与商学、工学、社会学、心理学等多个学科紧密关联的交叉学科。设计教育也面临着新的转型。一方面，学科原有的造型艺术知识体系应不断反思和完善；另一方面，其他学科的知识也陆续进入了设计学的视野，或者说其他学科也拥有了设计学的视野。这个视野，用赫伯特·西蒙（Herbert Simon）的话说就是："凡是以将现存情形改变成想望情形为目标而构想行动方案的人都是在做设计。生产物质性的人工物的智力活动与为病人开药方、为公司制订新销售计划或为国家制定社会福利政策等这些智力活动并无根本不同。"(Everyone designs who devises courses of action aimed at changing existing situations into preferred ones. The intellectual activity that produces material artifacts is no different fundamentally from the one that prescribes remedies for a sick patient or the one that devises a new sale plan for a company or a social welfare policy for a state.)

江南大学自1960年成立设计学科以来，积极推动中国现代设计教育改革，曾三次获国家教学成果奖。在国内率先实施"艺工结合"的设计教育理念，提出"全面改革设计教育体系，培养设计创新人才"的培养体系，实施"跨学科交叉"的设计教育模式。从2012年开始，举办"设计教育再设计"系列国际会议，积极倡导"大设计"教育理念，将国内设计教育改革同国际前沿发展融为一体，推动设计教育改革进入新阶段。

在教学改革实践中，教材建设非常重要。本系列教材由江南大学设计学院组织编写。丛书既包括设计通识教材，也包括设计专业教材；既注重课程的历史特色积累，也力求反映课程改革的新思路。

当然，教材的作用不应只是提供知识，还要能促进反思。学习做设计，也是在学习做人。这里的"做人"，不是道德层面的，而是指发挥出人有别于动物的主动认识、主动反思、独立判断、合理决策的能力。虽说这些都应该是人的基本素质，但是在应试教育体制下，做起来却又那么难，因为大多数时候我们没有机会。大学教育应当使每个学生作为人而成为人。因此，请读者带着反思和批判的眼光来阅读这套丛书。

清华大学出版社的甘莉老师、纪海虹老师为这套丛书的问世付出了热忱、睿智和辛勤的劳动，在此深表感谢！

高等院校设计学通用教材丛书主编
江南大学设计学院院长、教授、博士生导师

辛向阳
2014年5月

序二

中国设计教育改革伴随着国家改革开放的大潮奔涌前进，日益融合国际设计教育的前沿视野，日益汇入人类设计文化创新的海洋。

我从无锡轻工业学院造型系（现在的江南大学设计学院）毕业留校任教，至今已有40年了，亲自经历了中国设计教育改革的波澜壮阔和设计学科发展的推陈出新，深深感到设计学科的魅力在于它将人的生活理想和实现方式紧密结合起来，不断推动人类生活方式的进步。因此，这门学科的特点就是面向生活的开放性、交叉性和创新性。

与设计学科的这种特点相适应，设计学科的教材建设就体现为一种不断反思和超越的过程。一方面，要不断地反思过去的生活理想，反思曾经遇到的问题，反思已有的设计理论，反思已有的设计实践；另一方面，要不断将生活中的新理想、现实中的新问题、设计中的新思考、实践中的新成果吸纳进来，实现对设计学已有知识的超越。因此，设计教材所应该提供的，与其说是相对固定的设计知识点，不如说是变化着的设计问题和思考。这就要求教材的编写者花费很大的脑力劳动，才能收到实效，编写出反映时代精神的有价值的教材。这也是丛书编委会主任辛向阳教授和我对这套丛书的作者提出的诚恳希望。

这套教材命名为"高等院校设计学通用教材丛书"，意在强调一个目标，即书中内容对设计人才培养的普遍有效性。因此从专业分类角度看，丛书适用于设计学各专业，从人才培养类型角度看，也适用于本科、专科和各类设计培训。

丛书的作者主要是来自江南大学设计学院的教师和校友。他们发扬江南大学设计教育改革的优良传统，在设计教学、科研和社会服务方面各显特色，积累了丰富的成果。相信有了作者的高质量脑力劳动，读者是会开卷有益的。

清华大学出版社的甘莉老师是这套丛书最初的策划人和推动者，责编纪海虹老师在丛书从选题到出版的整个过程中付出了细致艰辛的劳动。在此向这两位致力于推进中国设计教育改革的出版界专家致以诚挚的敬意和深深的感谢！

书中的缺点错误，恳望读者不吝指出。谢谢！

高等院校设计学通用教材丛书编委会副主任
江南大学设计学院教授、教学督导
无锡太湖学院设计学院院长

陈新华
2014 年 7 月

自序

随着商品经济的繁荣、流通手段的进步及消费的发展，包装成为商品流通的重要环节，而营销发展最为直接、有力地影响着现代商品包装。包装逐渐改变了早期单纯储存、容纳、运输物品的基本特征，也超越了静态的装饰和象征功能，而通过其外观形象承担起销售媒介这一新的历史使命，成为营销竞争的有力武器。包装设计应从营销战略开始。早期卖方市场的基本条件决定了企业在供求关系中的主导地位。生产的发展促使买方市场形成，消费的选择性使企业主导地位面临挑战。现代市场营销竞争逐步由局部的、单纯的、短期的计划向整体的、系统的、长期的策划发展，体现营销战略的包装设计亦是如此。

包装视觉传达成功与否在于视觉形象所反映的信息与消费需求之间是否存在联系，以及这种联系的紧密程度。因此，它不是简单的外观问题，在视觉表现之前必须有概念策划和信息处理的过程，而这一过程中，思考的准绳就是消费需求、顾客满意、体验等客观因素。包装设计成功与否关键在于信息摄入和处理是否合理，以及商品信息和人的信息是否能实现向视觉形象的巧妙的、美的和赋予创意的转化。策略与表现是本科阶段包装设计学习的两个关键环节。学生必须在这两个环节形成清晰的思路，掌握全面的技能。本书将设计理论和教学实践紧密联系，以营销策略和视觉传达原理为出发点，通过实际案例的演绎探讨在全新市场背景和消费趋势中商品包装设计的原理和方法。

过宏雷

2015 年 7 月

目　录

第一章 形象力与现代商品包装

现代包装能为生活带来便利,在改变生活面貌、提高活动效率和生活质量上都发挥着重要作用。促销是企业通过包装与顾客之间的信息沟通,以良好的视觉形象促使顾客的购买行为和消费方式向有利于商品销售的方向转变。商品包装视觉形象在经济活动和社会活动中越来越重要,商业竞争对包装形象提出了新的要求。

第一节 商品包装的基本功能

对于"包装"这一概念,设计界正赋予其越来越广泛的含义,用于诸多不同领域研究。"将某种东西包裹起来,以使它存在并产生作用"成为对包装这一概念的广义理解。因此,从任何角度研究包装必先确定其定义范畴。关于包装的描述大致有以下几类。

(一)身体的包装:包括衣服、寝具、帽子、手套、鞋袜等。

(二)物品的包装:以生活用品、产品以及其他各种物品为对象的包装,它包括商业包装和工业包装。

(三)功能体包装:为使整体形成、运转,并能被使用而将必需的零件包容组合成为单位成品,使其成为功能模块的包装。功能包装是整个功能体系的一部分,属于工业设计领域。

(四)空间的包装:为了使空间成为可被人使用的状态,将必需的材料、装置等拼组成单位空间,它属于环境设计领域。

(五)非物质对象的包装:主要指信息的包装,包括各种表达方式和载体。

艺术设计所讨论的包装属物品包装中的商业包装。关于商业包装的确切定义说法不一,美国包装协会认为"是为产品的运出和销售所做的准备行为";英国规格协会认为"是为货物的运输和销售所做的艺术、科学和技术上的准备工作";加拿大包装协会认为"是将产品由供应者送到顾客或消费者手中,而能保持产品于完好状态的工具";日本包装用语辞典中确定"是使用适当之材料、容器,施以技术,使产品安全到达目的地,使产品在运输和保管过程中保护商品、方便储运、促进销售,在采用容器、材料及辅助物的过程中施加一定技术方法的操作活动"。从这些定义中,可以归纳出现代商业包装的基本功能：

防止被包装物在流通过程中受到质量和数量上的损失，保护其形态及性能的完好是商业包装最基本的功能。

现代包装能为生活带来便利，在改变生活面貌、提高活动效率和生活质量上都发挥着重要作用。包装的便利功能表现在节省时间的便利性、节省空间的便利性、使用的便利性和便于回收复用或自然分解而有利于环境保护等方面。

促销是企业通过包装与顾客之间的信息沟通，以良好的视觉形象促使顾客的购买行为和消费方式向有利于商品销售的方向转变。现代包装的促销功能是在保护功能和便利功能基础上延伸发展而来的一种商业包装效应，是强化视觉信息的产物。产业革命之后直到今天，随着大量商品充斥的包装形象在销售中扮演着越来越重要的角色，包装视觉形象逐渐成为产业界关注的焦点之一，成为设计界的重要课题。

商品包装视觉形象在经济活动和社会活动中日益重要，其原因主要有两点。第一，是消费者价值选择的变迁。消费者的价值选择随着时代的发展而改变，这是不可抗拒的规律。因此，必须体现消费者价值选择的企业行为也应不断调整。产品是企业之子，而从某种意义上说，包装是产品的终端设计，因此，是企业包装行为的重要组成部分。消费者的价值选择大致经历了三个时代。第一个时代是理性消费时代。这一时代物质尚不充裕，生活水平较低，消费者在安排消费行为时非常理智，看重质量和价格，追求价廉物美和经久耐用。第二个时代是感觉消费时代。社会物质财富开始丰富，人们生活水平大大提高，消费者已不注重价廉物美、经久耐用，而开始重视品牌形象，价值选择标准是"喜爱与否"。第三个时代是感情消费时代。随着社会的进步，时代的变迁，消费者越来越重视心灵上的充实，对商品的要求已超出了价格、质量的层次，也逐渐淡化了品牌形象的观念，而追求商品购买与消费过程中心灵上的满足感。这就对商品包装形象提出了更高的要求。人们越来越注重精神上的需求，与物质需求相比，精神需求更丰富。现代商品包装的重要功能之一就是运用视觉化、理想化的手段来满足消费者对商品的生理、心理需求，并使特定商品成为特定消费者性格和爱好的象征，刺激购买欲。

第二，是市场竞争激化和商品的同质化。20世纪60年代以来的近40年中产生并不断激化了一场新型"世界大战"，这就是以市场为战场的现代商业战争。激烈竞争的结果之一是商品的本质区别越来越小，产品的同质化倾向越来越严重。消费者的价值取向是多元化、千篇一律的结果，恰恰与消费者有需求相对立，不满意就在所难免。商品同质化使品质等硬性指标逐渐不再成为顾客消费选择的主要标准，而产品多方面的软价值和个性变得举足轻重。围绕消费者需求进行设计与生产，以便为顾客提供更多的选择机会，是为了解决商品的个性问题而采取的有效措施，其中包括加强商品包装的形象力。国际经济水准的提高促使先进工业国家的许多大、中型企业在推出产品的同时，不惜花费巨资来改进商品包装形象以配合行销计划。例如，日本化妆品行业成本结构中，原料、科研、生产费用占 15%，利润占 20%，而剩余的 65% 全部运用于包装、市场调研和推销。

第二节 包装外观形象的历史演变和时代要求

作为生产活动和物质、精神文化的一部分，包装随着人类文明的发展经历了漫长的演变过程。包装发展的历史大致可分为原始包装萌芽、古代包装、近代包装和现代包装四个阶段，各个阶段包装的外观形象在特定社会意识、技术条件、经济模式、审美观念等因素的综合作用下形成了各自鲜明的时代特征。对之进行考察，有助于把握其发展规律，更全面地探讨包装的视觉传达问题。

一、萌芽阶段包装形象

这一阶段相当于原始社会的旧石器时代，人类的生产力十分低下，仅靠双手和简单采集、捕鱼、狩猎来维持生存。人类从对自然界的长期观察中受到启迪，学会使用植物茎条进行捆扎，使用植物叶、果壳、兽皮、动物膀胱、贝壳、龟壳等物品来盛装、转移食物和饮水。从实际意义上看，这已经是萌芽状态的包装了。外观形态上，这些用具都是几乎未经技术加工的动植物的一部分，为自然形态。

二、古代包装形象

这一阶段经历人类原始社会后期、奴隶社会、封建社会的漫长过程。在这个阶段中，人类文明发生了多方面的巨大变化。生产力的逐步提高使越来越多的产品用于交易目的，进而产生了商品和商业。商品的出现即要求对其进行适当的包装以提供远距运输与交易的便利。同时，人类开始将多种材料用于生产工具和生活用具的制造，其中包括包装用具。从人类根据竹、木、葫芦等自然物的造型制成包装容器，到用植物茎条编成篮、筐、篓、席，用麻、畜毛等天然纤维捻结成绳或织成袋、兜等用于包装，经历了漫长的历史阶段，而陶器、玻璃容器、青铜器的相继出现以及造纸术的发明使包装水平得到更显著的提高。在包装技术上，已采用遮光、透气、密封和防潮、防腐、防虫、防震以及便于封启、携带、搬运的一些方法。这一时期的包装形态显示出古人卓越的造型能力，具有很高的艺术价值。人们掌握了对称、均衡、统一、变化等形式美的规律，通过镂空、镶嵌、堆雕、染色、涂漆等装饰工艺，制成具有民族风格的包装器皿，使包装不但具有容纳、保护产品的实用功能，还具有审美价值和象征意义。这一时期已出现标志形象，以便认牌购货。如我国北宋山东济南针铺包装纸，已印有兔子形象、店名及广告文句，标记鲜明，文字简洁易记，是古代完整包装的实例（图1-1）。古代包装形象已体现出选材、造型和装饰等朴素的设计观念，在生产力的制约下，带有明显的手工艺特征。

图　1-1

三、近代包装形象

这一阶段为16世纪到20世纪上半叶。由于生产方式的根本变革和商业的发展，近代包装已非常接近今天完全意义上的商品包装，较之前的包装形式要复杂得多。对近代包装形象的分析也须从多方面入手。

（一）生产方式的革命和新技术的采用

西欧、美国先后从封建社会过渡到资本主义社会。从18世纪中期到19世纪晚期，在西方国家所经历的两次工业革命中，先后出现了蒸汽机、内燃机。随着电力的广泛使用，社会生产力成倍增长，大量商品的生产又导致商业迅速发展，轮船、火车及汽车的发明使交通发展到海、陆路大规模的运输。这样就使得商品必须经过合适的包装才能适应大流通的需要。大量的包装需求使一些发展较快的国家开始形成使用机器生产包装品的行业。18世纪发明了马粪纸及纸板制作工艺，出现纸制容器。19世纪初发明了用玻璃瓶、金属罐保存食品的方法（图1-2）。尝试用化学合成材料作包装也可以追溯到19世纪。1863年，纽约海德兄弟（Hyatt）发现不易破碎的赛璐璐。1907年，美籍比利时化学家列奥巴克兰（Leo Baekland）第一次发明了真正的合成塑料，20世纪二三十年代，这种材料在包装界非常盛行。20世纪30年代流行的新材料玻璃纸能使包装显得光彩照人。各种容器密封技术逐步发展起来。16世纪中叶，欧洲已普遍

图　1-2

图　1-3

使用锥形软木塞封口，到 1856 年发明加软木垫的螺纹盖，1892 年又发明了冲压密封的王冠盖。生产方式的变革和新材料、新技术的采用从根本上决定了包装的新形态，使之显现出早期工业社会的技术特征。

（二）印刷工艺的发展

16 世纪已经出现相当数量的商品标贴和吊牌。18 世纪下半叶，两项发明使印刷标贴的用量大大提高，一是法国人罗伯特（Nicolas-Lous Robert）发明造纸机；另一是德国人桑尼费尔德（Alois Senefelder）掌握了平板制版原理。30 年后，各种包装争相使用印刷标贴来为自己增色，虽然这种印刷只是单色的。紧接着的包装革命是彩色印刷。发明家们一直试图获得包装的彩色效果。巴克斯特尔（George Baxter）于 1835 年用木版刻出单色的版子来套印，类似套色木刻。到 19 世纪 50 年代，由于石版套印技术的问世，彩色印刷质量有了极大进步。用石印版可以在同一纸张上印出多达 12 种以上的颜色。随着印刷质量的提高，几乎任何图形均能印制。一时间，多种印制精美的标贴率先出现在不很昂贵的手帕盒和香水盒上，使之升级为深受大众欢迎的圣诞礼品。其他商品也随之效仿，突出的是巧克力包装。19 世纪 50—80 年代，大量彩色精印的各种包装商品涌进市场，尤其是酒类、烟、酱油、卫生用品和药品。许多世界著名品牌正是在彩色标贴的包装下登上了历史舞台（图 1-3）。印刷工艺的发展极大地丰富了对包装展示面的处理手段，并使通过包装传达丰富的视觉信息成为可能。

（三）销售方式的变革

直到 19 世纪中叶，绝大多数商品都是靠木箱和口袋以散装的形式从生产者那儿运到零售商店的。无论是茶叶、面粉、米、干果，还是其他日用品都是这样。商店则根据每个顾客的不同需要称好分量后再包好出售。这是一件既费时间又需要技术的工作，给店主和消费者都带来不便。欧洲的 19 世纪是崇尚休闲的时代，生活节奏慢，消费者能够容忍等候。但是，批发商在出售的商品特别是食品中掺假，零售商缺斤少两，以此牟取暴利的现象越来越多。生产商只要商品有销路，也默许这种对消费者不负责任的行为。这时，有位叫霍尼曼（John Horniman）的制造商首次运用包装来向这种不法行为挑战。他将自己的产品—— 一种深受大众欢迎的混合茶分成小包出售，每小包都是密封好的，重量一样，包装上印了零售价格和保证："纯正混合茶，每包足称——包装重量不计在内。"最后印上名字和地址。这一举动对包装革命的非凡意义表现在：第一，这标志着制造商将大机器生产的规模效益运用到包装品的生产中，以大机器生产来降低成本，在保障消费者利益的基础上来获得合法的巨额利润；第二，明确了首先是制造商，而不是销售商应该对产品的质量、品种、数量等负责；第三，这一举动紧密了包装与商品之间的关系，使销售包装通过视觉传达功能传递顾客所关心的信息，从而刺激需求。随着销售包装普及绝大多数商品，其形态也日益表现出个性化、多样化、商业化的新特征。

（四）艺术运动的影响

19世纪末，由莫里斯（William Morris）创导的"工艺美术运动"想用认真的、富有创造性的手工艺去替代廉价而又粗俗不堪的机器产品，得到许多艺术家的响应。然而，回复到中世纪是不可能的，艺术家也看到了这一点。他们渴望在设计时充分发挥新材料、新工艺的自身潜力，从而获得新感觉，去创造新的艺术，这就是新艺术运动（Art Nouveau）。在包装设计史上，新艺术运动是首次对包装装潢设计产生重大影响的事件。1895—1915年，新艺术运动风格在欧洲盛行，而商品包装装潢的普及也大致在这20年间，包装装潢的风格理所当然地带上了新艺术运动的特征(图1-4)。与工艺美术运动和新艺术运动所推崇的柔软而富有弹性的线条形成尖锐对比的是鲜明强烈的色彩搭配、生硬挺直的线条走向。这种反新艺术运动的设计浪潮在设计史和美术史上称为"装饰艺术运动"。20世纪20年代以后，这一刻意追求形式新奇的设计运动逐渐形成规模，与新艺术运动并驾齐驱，主要对化妆品产生影响，其次如食品、香烟也采用这种风格(图1-5)。第一次世界大战以后，大多数商品的包装都已经有很长时间没有变动过，长的达40多年。公众也认定这些老牌产品质量可靠，随着时间的推移对它们的信任感有增无减，而企业家也愿意以不变应万变。但此时社会生活有了很大变化，大量妇女参与商务活动，家务劳动减少，休闲娱乐增加。敏锐的企业家和设计师注意到了这种变化。新产品的不断问世带来了挑战，这些产品一出现就伴之以一个全新的、具有时代感的包装。这种追求时尚的新包装与传统包装相比，很快显示出它们的销售优势。它们向消费者传达这样的信息：它包裹着的产品更新颖、更先进，也更能满足人们的新要求。带着"新艺术"风格和"装饰艺术"风格的包装都在销售上获得过成功，如著名的"威尼斯人"系列。这导致了从20世纪20年代到30年代的10年中，许多包装都做了变动，变得更符合时尚，更趋于合理。19世纪末到20世纪初是新艺术思潮和设计思潮大涌现的时代，人们始终在探索工业社会中人与产品之间的关系问题，而这一努力也清楚地反映在商品包装的造型及装饰上。

图　1-4

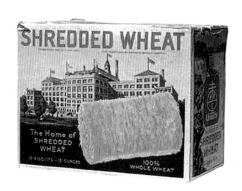

图　1-5

四、现代包装形象

第二次世界大战后，随着现代科技的发展和商品经济的全球化，包装的发展进入全新时期，形象进一步演变。

20世纪50年代铝箔复合纸被发明并运用于食品包装，后来又发明了合成纤维材料和多层复合材料，发明了气体喷雾包装和真空及换气保鲜袋，20世纪80年代后又出现自热、自冷罐头包装。经过第三次工业革命(电子、激光技术高速发展)，包装机械朝着多样化、标准化和高速自动化的方向迅速发展，高效、高质量地生产各种包装品。印刷工艺和设备有了极大进步，电子、激光技术能使画面高清晰度地再现于包装之上。包装测试系统的现代化水平越来越高，对包装材料及容器的规格、性能、质量等指标的测试更简便和精确，成为促进包装设计开发的重要手段。

20世纪50年代，所有在杂货铺出售的与人们日常生活有关的物品均完善了自身的小型化、商业化包装。这是包装发展史上的一个新起点，一旦每件商品都完善了自身的销售包装形象，自售商场的出现也就自然而然了。到1965年，美国90%的杂货店都变成了自售商场，这一情况反过来促使生产商和设计师重新思考包装设计的原则。过去人们主要是通过售货员了解商品，现在是商品排列在货架上等候顾客的挑选，竞争落到了包装上，因而无论对于新产品还是老产品，都不得不细心分析商品或品牌方面最具识别力的因素，加强其视觉效果，使形象更让人喜爱。

20世纪50年代包装形象的风格倾向主要是力图摆脱维多利亚时代和爱德华时代遗留下来的注重图案装饰的传统，特别是排斥与商品内容关系不大的纯装饰图案，使包装形式简洁、明快。20世纪60年代，在使包装简洁明达的同时，设计师已经能够用各种不同的手法来打扮商品、传播信息。有的以非常醒目的字体为主体形象；有的突出产品的自身形象；有的突出图案形象；有的直接印出折扣优惠。20世纪六七十年代被公认为太空时代和信息革命的开始，发达国家民众生活水平大幅度提高，消费迅速膨胀，家庭每周定期从超市购回大批包装完好的各种商品。在此期间，包装形象有以下特征：第一，精美的彩色照片在相当一段时间主宰了外观设计，特别是食品包装。由于摄影和印刷技术的提高，食品形象精美诱人。第二，"无装饰包装"曾在20世纪70年代出现过，这主要是为廉价商品设计的。第三，带有"怀旧"情绪的包装，表现为重新寻觅维多利亚时代遗留下来的装饰风格。设计师运用富有装饰性的曲线图形，但它表现出健康向上的精神面貌，不是抵触现代文明的消极怀旧。

设计风格多样化的趋势在现代消费形态逐渐由卖方市场向买方市场转变，在激烈的销售竞争对商品包装的形象力提出更高要求的情况下越来越明显，符合多样化的消费需求与共生美学时代的审美观念。各种设计风格并存，任何风格都不可能再一统天下，设计的自由空间空前扩大，同时，竞争迫使对包装形象的确定过程必须更为科学和谨慎，必须借助于相关理论研究来寻找合理、有效的方法。

　　回顾包装形象的历史演变，在人类社会早期它是自然形态或是对自然形态的模仿。这里所谓模仿，是以自然形态为形式标准更换成其他材料。随着技术发展以及审美水平的提高，人们开始考虑怎样能做得更好。于是，产生了进一步在自然中寻求美的典范、揭示形态美的秘密的欲望；对于被认为美的动物、植物、矿物质进行分析研究，发现了诸如左右对称、大小均衡或和谐比例等美的形式原理，将这些原理运用于人为形态包装用品。当艺术与设计发展到一定阶段，进一步提高的难度越来越大，而商业竞争又对包装形象提出新的要求。这时，站在营销战略的高度研究消费心理，研究人类视觉传达的规律与机制应该成为解决新时代包装形象问题的科学方法。

第二章　包装设计中的营销策略

现代包装发展的原因可以归结为市场原因和社会原因,具体有:产品发展、消费发展、传播发展、文化与时代精神、营销发展。其中对包装设计影响最为直接的有力因素是营销竞争。随着包装在商业经济中的作用日益重要,企业不惜投入巨资革新产品包装,以作为营销竞争的武器。这就直接促使设计以鲜明突出的形象凝为典型的、标记化的包装形象,以强化识别、记忆、印象的影响力,提升商品的软价值。现代市场营销在质量竞争、品种竞争、服务竞争、价格竞争、销售环境竞争、广告竞争、公关竞争等多方面开始从单项的、短期的计划向全方位的、长期的策划发展。因此,将商品包装纳入营销战略系统进行研究成为理所当然。

第一节　"CS"营销战略的启示

在企业经营中,最重要的是企业与顾客之间的关系。由于经济发展水平的限制,很长时期内市场处于卖方市场状态,所以自然决定了在这种关系中企业处于主导地位,顾客处于从属地位。也就是说,如何处置产品的决定权主要在于企业。经济的发展使市场发生了根本的变化——势态基本上属于买方市场,企业在与顾客关系中的主导地位受到了严峻挑战。为了维护企业的主导地位,一些企业寻找新的对策,"CI"战略诞生了。1956年,美国 IBM 公司通过"CI"设计塑造企业形象,成为公众信任的"蓝色巨人",导致"CI"时代的来临。经过30年的发展,"CI"作为一种专门的经营战略风靡全球。然而,由于"CI"战略在价值取向上仍然以企业为中心,随着企业形象竞争的加剧,特别是随着消费者的成熟,"CI"逐渐丧失其效力,企业的主导地位再次面临挑战。1986年,一种与之相对应的超越理论——"CS"战略从美国兴起,并迅速在发达国家传播开来,得到广泛应用。这一理论不仅开创了企业经营战略的新视野、新思路和新指导原则,而且在实际运用中取得了卓越的绩效。

"CS"与"CI"的根本不同之处在于两者的价值取向。前者以顾客为中心,后者以企业为中心。实施"CS"战略必须确立"顾客第一"的观念。坚持这一原则是市场经济的要求,是争取顾客、掌握市场主动权的法宝。任何企业都以追求经济效益为目的,如何才能实现利润目标,从根本上说必须首先满足顾客的要求、愿望和利益。所以企业在生产经营的每一个环节都必须从顾客的角度出发考虑问题,最大限度地使顾客满意。

  "CS"由顾客对企业的理念满意（Mind Satisfaction，MS）、行为满意（ehavioralSatisfaction，BS）和视觉满意（Visual Satisfaction，VS）三个系统构成，是三方面因素协调运作，全方位使顾客满意的整合效果。商品包装既是产品的一部分，属"BS"范畴，同时又关联视觉满意"VS"，所以它是"CS"的重要组成部分。由于包装的形象力直接关系到商品自我促销之重要功能，又由于在被购买和使用前包装的其他功能也只能以外观形象表现出来，"形象视觉满意"对于现代商品包装举足轻重。一般来说，打算购买某种商品的人必然抱着一种期待，希望它能够很好地满足自己的需要，能具备一定的功能和意义。这种期待有些是潜意识的，有些是清晰的。设计师应全面掌握有关商品的信息，明确这种事前期待的目标，将之视觉化，体现于产品的重要组成部分——包装。一旦这种"事前期待"被消费者所接受，那么对于包装的满意态度将潜移默化地使整个商品成为满意对象而被选择。商品畅销涉及的因素很多，如商品质量、企业或品牌形象、广告力度、营销手段、价格因素等，但随市场的发展和竞争的加剧，核心产品的质量差距在不断缩小，"CI"策略逐渐失去原有效力，广告投入普遍剧增，价格浮动最终受生产成本的限制，这些策略的作用相对削弱。这时，包装形象设计作为能够使某种商品成为顾客满意对象而被选择的手段显得尤为重要。"包装形象视觉满意"的重要意义还表现在：实现场所是卖场，实现时间是购买前，实现条件是消费者有潜意识的或明确的消费意向。因此，只要操作得当，它能迅速有效地辅助"产品满意"的实现，或直接转化为"产品满意"，从而使销售目的立即实现。

  我们可以从以下几方面来说明"CS"原理对包装设计的指导意义。

一、客观性

  "CS"战略的实施不但要从企业的实际情况和主观需要出发，而且必须首先从市场环境的变化及顾客对企业的客观需要出发，才有坚实可靠的基础。现代消费已不注重物的拥有和量的发展，却注重质的发展和理想的追求。我们已经历的高度成长社会和当前成熟社会消费观的差别如下：

高度成长的社会		成熟社会
量的成长	⟶	质的充实
物	⟶	心
价值观同化	⟶	价值观多元化
达到心中所希望的目标	⟶	迷失目标
重视机能	⟶	重视意义

以前的消费状况主要依据功能或效用等固有价值标准，而现代消费则倾向于情感、品味、心理满足等抽象标准。成熟社会中人们追求自认为美的事物，在消费行为上，由于具备强烈的个性和自我意识，已少受宣传煽动的左右。所有这些都是对包装的客观要求，站在顾客的立场而不是厂商的立场确定包装形式，才能预先在包装上创造顾客满意。

二、创造性

"CS"的实施注重经营的独创性。在激烈竞争中寻找新的、潜在的满意需求，全方位推出不同于其他企业的满意战略，不仅有利于公众的识别和认同，也有利于表现产品或服务的差别及优势。富有个性和独创性的事物具有旺盛的生命力，包装形象也是如此。包装陈列货架面临两种压力——消费者的评判和竞争对手的排挤。在崇尚个性的时代里，消费者总是受到新奇商品（很多时候是新奇包装）的吸引，好奇心驱使购买冲动。据有关统计资料，超级市场所售商品有30%～40%属于刺激性购买，即使是老产品换成新包装，也可能获得成功。包装不但应具有足够吸引消费者的诱惑力，而且应当以别具一格的面貌与竞争对手拉开距离，使消费者在众多商品中能迅速识别。具有创造性的包装形式才更具有促销价值。

三、最优化原则

企业导入"CS"系统时，必须统筹兼顾，大力协调，多中择优，采用时间、空间、主体、客体、程序等方面的峰值佳点，本着"多利相衡取其重，多害相衡取其轻"的精神进行系统筛选，以达到系统整体优化的目的。"CS"的最优化原则不只停留在哲学层面，而且通过完整的运行机制和内外结构发挥管理绩效。"CS"运行机制和满意度测评体系不但能为包装形象设计提供一般方法，而且能有效克服设计中的盲目性和主观随意性，使方案最优化。

四、动态性原则

"CS"是一种现代经营管理系统，它包含着系统方法。系统方法不是把系统看成静态的"死系统"或"死结构"，而是看成动态的"活系统"。因为实际存在的系统无论在其内环境诸要素之间，还是在其内外环境之间，都有物质、能量、信息的交换与流通。企业在实施"CS"过程中不仅会遇到社会环境的变化，而且也会遇到内部环境的变化，这就促使"CS"系统根据实际情况的变化做相应的调整。长期以来，以品牌为重点，以企业视觉识别系统为中心的系列、配套产品包装对于强化商品形象确实起到了一定作用，但面对多变的消费需求，包装形象过于统一、缺乏变化显然是一种严重的缺陷。日本著名设计师中西元男曾提出"自我对照销售——

SCM 营销策略（Self Contrast Marketing）"，主张建立以"主力""支援""审查""刺激"为内容的商品系统，就是本着动态性原则主动把握市场。反映在包装设计上，即及时、灵活地改进和丰富视觉形象，发掘和适应多变的消费需求，并且努力摆脱模仿的追击。

第二节　从商品信息到视觉形象的转化

　　包装通过视觉形象传达相关信息，从而刺激和满足消费需求，促进销售。其成功与否首先在于视觉形象所反映的信息与消费者潜在满意需求之间是否存在联系，以及联系的紧密程度如何。因此，作为营销策略一部分的包装形象不是简单的外观问题，在视觉表现之前必须有一个信息加工的过程。

一、信息的摄入

　　既然包装视觉传达的本质是信息的传达，那么设计者必须对商品信息有全面、具体的了解，尽可能地占有资料。对物质和精神的信息进行调查和摄入，是包装视觉传达工作的开始。首先，是一般商品信息摄入，它包括：商品的材质成分如何、有何理化特点、功能效用如何、外观形态如何、档次级别如何、使用方式如何、与同类商品相比有何特色、精神软价值开发的可能性如何、该产品行销何地、销售方式如何、商标知名度如何、是老产品包装改良还是全新设计开发、有何整体经营方针、专用识别符号是否需要改进、品牌形象定位如何、包装预想生命周期是多少、委托方有何设计要求、其合理性是否需进一步探讨……

　　其次，是人的信息的摄入。人的信息的摄入主要是把握消费心理，了解需求。了解需求是实施"CS"经营的前提，只有做到这一点，才能设法满足需求。顾客心理需求是顾客在购买和消费商品过程中希望得到的心理酬赏，其内容复杂多样，难以尽述，而要塑造与之相符的视觉形象，包装设计必须考虑到以下几条：

　　（一）求廉心理需求。这是以追求价廉物美为主要目的的心理需要，它的核心是低价和实用，对包装不十分挑剔，过于考究的形象反而可能会起到误导作用。

　　（二）求新心理需求。这类顾客对奇特先进的构造，新颖的式样或装潢带着浓厚兴趣。他们追求时髦，喜欢流行，偏好与众不同，把外在形式看得高于实用性和价格。

　　（三）求美心理需求。美是以追求观赏价值为主要目的的心理需要，其核心是装饰性和美化性。这种需求把商品对环境的装饰点缀、对精神的陶冶等功能放在使用价值之上。

（四）求名心理需求。这是以表现个人名望为主要目的的心理需要，其核心是炫耀。这类顾客在购物时注重品牌，偏重社会声誉和象征意义，以达到显示社会地位和个性特征的目的。

（五）求速心理需求。这是以快速完成交易为目的的心理需求，其核心是简便快捷，购物目的明确。随着生活节奏的加快和生活水平的提高，这类顾客将越来越多。

（六）惠顾心理需求。因信任而购买商品的心理动机，其核心为"信任"与"好感"。与求名心理需求相似，它注重品牌。

人的需求既有共性，也有个性，在个性化消费时代，把握个性显得尤为重要。这就要求对消费心理进行宏观和微观的分析。从宏观上看，有社会阶层、社会群体、社会心理和社会文化现象对消费行为的影响。微观上看，有消费者年龄、性别、个性和家庭对消费行为的影响。

信息的摄入工作是一个细致而又具体的过程，包装信息传达的有效性正来源于此。进行周全翔实的"CS"调查，在市场竞争日趋激烈和消费需求日益多样化的条件下成为包装视觉设计不可缺少的重要环节。

二、信息的处理

视觉传达设计的本质可以说是有意义的信息的传达。设计正是借助含有各种不同信息量的图形、文字、色彩、质感，采用最佳的视觉程序（视觉语言），把有意义的信息快速、准确地传达给消费者。欲让消费者对商品产生满意态度，需要传递他们所关心的商品信息。包装视觉设计的准则就是能告诉消费者，该商品能给他们带来什么利益，或能展示该产品与同类其他产品所不同的独到之处，从而激发购买需求。消费者收集商品信息的目的总和各自的需要有关。消费者接触许多商品信息，这些信息大大超过了个人的接受和记忆的范围。因此，消费者必然有意无意地对所接触到的信息进行筛选，只选取那些适合他们需要的信息。信息的意义性是知觉理解的前提，没有意义的信息不能被知觉和理解。

事物的复杂性决定了有关商品和消费的信息是多层次和多方面的，因此，只有从对消费者的意义性这一角度对摄入的信息进行处理才能确立视觉传达的基础。信息处理是人类认识外部事物规律的重要一步，通过它，信息可以形成系统性和逻辑性，为信息传达提供必不可少的前提和条件。信息处理一般分为两个方面：一是量的概念，例如统计整理、分组归类；二是质的概念，例如纠正、综合、比较。首先，在不同属性的商品信息中归纳出简洁并具有代表性的信息要点；然后，确定各信息要点之间的关系。这种关系可以是并列关系，也可以是主从关系，由信息要点的意义性和商品自身特性所决定，并包含营销策略的主观因素，它决定了主体形象的选择和视觉语言的逻辑关系。大多数情况下，同类商品信息要点具有类似性，这就要求设计者在此基础上以消费者的满意需求为准绳，结合自身优点，发掘商品多方面的软价值，重新确立信息要点之间的主次关系。

三、主题形象的选择

针对浓缩后的信息要点及其主次关系选择适当的主体形象是包装形象视觉语言构思的重要环节，它决定了包装视觉传达的方式及外观形象的基本形式。如果说信息的摄入与处理是设计的思考性过程，那么主体形象的选择便是视觉化过程的第一步。1969 年国外提出包装设计定位思想，20 世纪 80 年代初曾在国内产生过影响。包装设计定位思想基于这样一种认识：任何设计的目的性、功利性都是伴随着它的局限性同时而来的，消极地回避、无奈的折中都不能解决问题，唯有遵循设计规律，强调设计固有的针对性，反能收到良好的效果。归纳起来，主要有以下几种定位策略。

（一）牌名商标（Brand）定位，它向消费者表明企业或品牌的身份。

（二）产品（Product）定位，表明"卖什么东西"，使购买者迅速识别这是一种什么性质的商品，它有什么特点，适合什么消费档次。

（三）消费者（Consumer）定位，让消费者明确该产品是为谁生产的，卖给什么人。

（四）品牌加产品定位，是品牌信息和产品信息相结合的定位表现，两者相互补充，较全面地展现商品信息。

（五）品牌加消费者定位，是品牌和消费者形象相结合的表现定位，拉近品牌和消费者之间的关系。

（六）产品加消费者定位，是产品形象与消费者形象结合的定位设计，带有接纳商品的暗示。

（七）品牌加产品加消费者定位，能全面地传达信息。

包装设计定位策略的依据是五个"W"，即什么商品（What）、卖给谁（Who）、销售的时空定位（Where、When），以及最终如何用视觉形象表现（How）。前四个"W"包括一般商品信息和人的信息，而"How"则是对信息的处理与输出，其核心内容就是主体形象视觉符号的选择。这一过程中，信息的意义性是思考的准绳，必须瞄准消费需求，尽量突出商品的有利因素。例如，对于品牌知名度高的商品，结合惠顾或求名的消费心理，往往以标志形象或品牌字体为重心，表现多为单纯化和标记化，这就是名牌商标定位；对于本身或原配料富有形象特色，极具诱导和感染力的商品，可能适于通过摄影与绘画，或透明度容器盛装，或大面积"开窗"表现其鲜明的具体形象，这便是产品定位。

由于定位设计的包装策略以商品与消费者之间的内在联系为基础，在注重消费者满意需求的今天仍具有合理性。但它对设计的实际指导意义需一步完善。其不足表现在：第一，信息摄入和处理的局限性。四个"W"

不能提供全面的商品信息，在摄入信息量不足的情况下，决策无法准确体现多样化的消费需求。这一点可通过"CS"调查来完善；第二，视觉符号的局限性。包装设计定位紧紧联系着视觉符号的选择，但它只是确定视觉符号的前提，而不是形象确立本身。视觉符号的选择作为一种形象思维具有更大的自由空间。针对于此，结合实践体会，笔者归纳出 11 类形象作为传达特定商品信息的包装主体形象，以拓展视觉符号的选择范围。

（一）以品牌、商标、企业标志为主体形象

（二）以商品内容为主体形象

（三）以生产原料为主体形象

（四）以商品用途为主体形象

（五）以强调商品自身特点的形象为主体形象

（六）以产品或原料的产地为主体形象

（七）以使用对象为主体形象

（八）以人们喜闻乐见的相关形象，如花卉、动物、风景、卡通造型等作主体形象

（九）以特有文字为主体形象

（十）以特有底纹肌理为主体形象

（十一）以特有抽象图形为主体形象

此外，定位策略未涉及视觉传达原理这一包装形象视觉表现的重要部分。

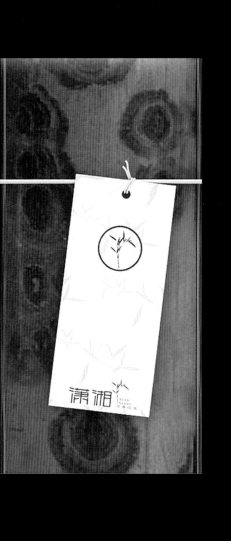

第三章　包装的视觉传达

包装形象问题属于视觉传达范畴，视觉满意是以视觉生理功能为基础的心理反映，因此，在包装形象确定过程中，必须考虑视觉信息的传达过程符合视觉生理和视觉心理的科学性。视觉传达是人们对外界信息摄入、分析、归纳、比较、判断、储存、输出的过程；是信息以人为起点，以通过媒介传达给人为终点的运行过程。所以视觉传达的本质是信息的传达，其成败取决于信息传达的质量。

第一节　视觉容量的限制

心理学认为，满意是一种主观态度，这种态度由认知和情感构成。知之深而爱之切，是一种满意状态；知之深而厌之切是一种不满意状态，因此，满意是认知的结果。

人通过自身的各种感觉器官认识和探索世界。人的六大感觉为视觉、听觉、嗅觉、味觉、触觉和神经觉。其中视觉具有举足轻重的作用。如果把所有感官接受外部世界信息的总和定为100%的话，那么通过视觉感知部分占80%以上。在有关人类感觉的研究中，视觉是最为重要的内容之一。视觉传达研究范围包括接受信息的视知觉和视觉心理，以及传达信息的媒介符号——视觉元素和视觉语言。

一定波长的电磁波作用于视网膜，引起视觉神经的兴奋，再经过视觉神经将兴奋传入大脑产生的感觉即为视知觉。视知觉有辨别光线的强弱、物体的颜色、形态的大小、远近及形状的能力。

在视网膜上，视觉细胞并不是平均分布的，而是集中在视网膜的中间部位，这一部位称为黄斑。黄斑的中间有个凹陷，其上视觉细胞尤其多，这一部位对外界刺激最敏感，视觉感知最清晰。在视网膜的边缘部位，由于视觉细胞较少，视知觉要相对弱一些。因此，视觉最有效的感知部位在视网膜上只占有很小的比例。这种生理特点决定了视知觉在一定时间内只能容纳少量视觉客体。视觉器官和人体的其他部分一样是有生命的，每一次视觉兴奋都会消耗一定数量的视觉蛋白，过度的刺激会造成视觉疲劳。因此，视觉并不是可以无限制使用的工具，设计必须尊重视觉生理的科学性。

视觉容量是指一定时间内视觉所能容纳的信息量，一般用比特作为计量单位。每秒钟人眼的正常视觉容量受到视觉对象的清晰程度、照明程度以及人的认识能力和视觉经验等因素的影响，每人略有不同，但都是有限的，为 25 比特，差不多是四个信息单位。因此，过量的视觉信息不利于短时间内的知觉和理解，反而会使传达失去重点，接受不得要领。包装的视觉传达不明确要顾客接受什么固然是失败的，但要别人接受过多，使人不得要领以至迷惑不解，同样是失败的。盲目地罗列堆积，信息量过大，只会造成视知觉的劣性刺击。包装的视觉传达有两层含义：首先，是传达什么；其次，是如何表现，高效的视觉传达必须是鲜明的表现目标与鲜明的表现形式相结合。要做到鲜明，首先要有选择性、有取舍。观众在走动中以短暂的时间进行有选择的视觉接触，这种时间、空间上的局限性要求设计不能贪多求全，面面俱到。例如苹果电脑材料包装，仅将标志放在大面积的空白中，以点的特征有效地吸引视线，传达这一著名品牌的鲜明形象。如果将空白改为商品照片或加上其他装饰图案，无疑会减弱形象的鲜明性，在品牌这一层面上降低视觉传达的效率。这里讲的"多"不是指数量，而是指种类，构成元素并不一概以少为佳，华丽而丰富的表现仍然是可以单纯、鲜明的，问题在于信息内含不能过多，在视觉形式上不论是简洁的还是丰富的；是疏空的还是细密的，都要注意表现方向的同一性。百吉情人雪糕的包装形象，虽然画面布满与商品有关的形象，但由于"种类"单纯，因而仍具有鲜明的视觉表现。再如"AMBROSIA"圣诞梅酱布丁包装以标志作主体形象，底纹仍以标志作重复构成，在信息特征和形式特征上都十分单纯地表现了易于视觉识别和记忆的包装形象。既然信息的视觉容量是以一定时间内接受多少信息来表示，那么可以设想通过提高信息的传达速度来提高视觉信息摄入的效率。

（一）控制视觉信息量，包装造型和构图避免复杂、烦琐的安排。

（二）尽量采用形象特征明确的信息符号，加快视觉认知和理解的速度。

（三）有意识加大主要信息符号的体、面积，体、面积的增加可以使单位体、面积中的信息量减少。

（四）采用疏密、多少、大小对比的手法求得主要信息视觉认知度的提高。

（五）利用边框线限定空间；利用辅助线加强视觉感知及加快感知速度。

（六）注意信息符号在包装构图中的排列组合关系，整齐有序的信息符号能有效地减少注视时间，加大视觉容量。

第二节　视觉功能的利用

一、利用视觉的简化功能

视知觉对客观世界的感知不是一种被动的接受过程，而是主动认知的结果。视知觉的每次观看活动都是一次对客观事物的判断。只有经过判断，人才会把握客观事物的基本情况，才会了解自身与客观事物的关系。这种生理本能决定了视觉对客观对象的简化功能。鲁道夫·阿恩海姆在其《艺术与视知觉》一书中指出，人的眼睛倾向于把任何一个刺激样式看成已知条件允许达到的最简单的形状。例如，带有缺口的圆形，视觉上还是把它看成是一个圆；一个上面缺少尖角的三角形，视觉上还是尽力把它看成是一个完整的三角形；一个十字交叉的图形，视觉上会把它看作一个正方形等。包装形象的造型处理与构图都应考虑如何适应视觉简化功能的需要，保证视知觉的快速认知。造型应尽量以标准形态（圆、方、三角、圆球体、圆柱体、方体、棱柱体、锥体等）、标准的空间位置（点对称与轴对称）、标准的空间方向（水平与垂直）为基本依据。

视觉简化功能除上述对形态本身的要求外，还有对形态在组合中的秩序性的逻辑要求，即要有骨架形象，排斥任意罗列。简化功能使视觉更容易接受具有鲜明整体形象的对象，而鲜明的整体形象来源于明确的骨架形象。骨架是形式成分相互关系的整体表现——一个富有形象个性的整体。这里有两点含义：一点是"形式成分的关系"，另一点是"整体的个性"，没有"构成关系"就是没有"整体"，而没有"整体性"的主导也没有恰当的"构成关系"。这两点是相辅相成的。所谓"关系"，法国丹纳在《艺术哲学》中说："艺术所力求是各部分之间的相互关系和依赖。首先，要有个重点，其次，要注意关系，即一句话由另一句话引起，一部分为另一部分所发。不仅要注意外在表现，而且要注意内在逻辑，也就是结构、配合。要使作品的主要特征支配一切，其中各部分要通力合作，不应当有一部分不起作用，也不能用错力量，即其中所有的效果都应该集中。"各部分的相互依赖、组织、配合，在视觉传达中就是骨架关系。包装形象的骨架设计就是把不同的形式成分纳入一定的整体程序之中，以符合和利用视觉的简化功能。设计不但要赋予包装形象恰当、明确的构成秩序和骨架形象，而且要加以强化。首先，要确定基本格调、基本特征和重点倾向；其次，则是处理各部分之间的关系。这种关系应体现骨架形象的基本形式。骨架形式可以千变万化，但是基本上有这几种类型：一类是直接加以展示的框架式（图 3–1），另一类是不直接展示组织构成关系的内在秩序（图 3–2），此外又有介于两者之间的骨架变化。

图　3-2

图　3-1

二、利用视觉的发现功能

　　普通的纸被撕去一角，这个缺角会很引人注目，似乎它对眼睛有特殊的引力一般。这是因为视知觉具有不断发现新异事物的功能。视知觉在快速发现事物后不会满足，又会去追求发现新的事物。对于一个简化或熟悉的造型，我们既想保留它，又想改变它。保留它的原因是视觉看它轻松，能满足快速发现的视觉简化功能；想改变它，是因为看它太熟悉，重复带来单调和乏味，不能满足不断发现新异事物的需要。因此常见的、雷同的事物对人的刺激力度相对比较弱，也不利于引起兴趣。"入芝兰之室，久而不闻其香；入鲍鱼之肆，久而不闻其臭"是同样的道理。视觉运动常常指向刺激的变化，在固定刺激的持续作用下，感受钝化，信息停止向中枢神经传达，定向反应消失。有意识地在造型的简化和形态的组合上打破呆板处理，在统一中出现不习惯、不熟悉的安排才会产生新意，引起视觉的紧张和好奇，以利于视觉的发现与信息的传达。

　　从某种角度讲，新意在于对某种熟悉的视觉秩序加以适当的突破即对不生动因素的突破。日本造型学家高山正喜久说："圆形犹如成佛形，最无缺点，但也最缺乏生动性，因而要施加破坏之力以求得视觉满足。"这是很具启发性的。对普通外包装封闭形式的突破（图3-3），满足了视觉发现新鲜事物的要求，满足了顾客了解内在商品的意愿。信息的特异性刺激是引起注意和发现的又一原则。所谓好奇心，就是指对新奇刺激物的注意。反常态的视觉设计就是以"奇"取胜，有效地引导视觉发现，并能表现常态处理所达不到的信息内含和视觉效果。艺术家对美的研究从对和谐、自然的追求发展为今天对力感、动感、生气以及超现实的探索，显示了求

新求变的活力（图 3-4）。许多在神秘气息中洋溢着现代感的艺术作品对
包装形象设计产生巨大影响。特异性可分为绝对特异性和相对特异性，前
者指在某种情况下，该刺激物在我们经验中从未出现过；后者指各种熟知
的刺激物的不寻常结合（图 3-5）。引起注意的更多是具有相对新异性的
刺激物，因为人们接受新事物往往要在现有知识的基础上进行，仅仅新

图　3-3

图　3-4

图　3-5

图　3-6

异而意义不能被理解，也是很难引起注意的。图 3-6 是宠物食品的包装，拟人化的形象格外引人注目。特异处理不仅充满趣味，而且传达了"善待动物"这一与内在商品密切关联的意念。让·保尔香水包装也是大胆采用特异处理手法（图 3-7），将女人身体作为容器造型，虽然不合"常理"却很"合情"，以其独特性吸引发现、传达信息。

图　3-7

三、利用视觉的审美功能

　　视觉的审美功能即以视觉生理为基础的视觉美感，一般不受民族和文化等因素的影响，是人类共有的、具有广泛性的心理感受。例如，对色彩冷暖的感受、对空间与造型繁与简的区别、对整齐有序和有规律变化的偏爱、对灰暗和杂乱的反感，等等。作为符合视觉生理的形式美的基本法则，它表现在造型的整体与局部、共性与个性、对比与调和、重点与从属、对称与均衡、比例与尺度等方面，是统一变化规律的体现。关于形式美的法则已有许多系统论述，这里不再赘言。人类造物活动始终体现出对美的追求，运用形式法则创造美的能力也不断提高，包装形象从古到今的发展也体现了这一点。利用视觉的审美功能可发掘包装的潜力，但需要指出的是，包装形象所负的首要职能是信息传达，审美的从属性决定它只能是在正确把握商品信息的基础上通过"动之以情"来辅助和加强视觉传达。

第三节　包装的视觉印象

　　视知觉受外界刺激引起兴奋，在大脑皮层留下程度不同的记忆，即视觉印象。这种记忆成为潜意识，不断地在大脑中积累，像信息库一样构成信息网络，一旦需要就会自然浮现，成为参照、比较、判断的标准与依据。它对视觉认知和信息理解起着重要作用，是人认识客观世界的重要阶段。人需要在视觉印象的基础上，对事物的表象及本质、共性与个性有所了解与把握，从而作出反应。鉴于这一特点，应将视觉印象作为评判包装形象的重要标准。视觉印象分第一印象和重复印象两种。

一、第一印象

第一印象也称为第一感觉，往往以视觉经验的形式左右后来的视觉印象。对于每一印象，就时间而论，注视的前几秒钟是关键的，因为此时视觉感知比较敏锐；就空间而论，整体效果和最先注意到的事物会给人深刻的最初印象。因此第一印象容易在大脑中留下深刻记忆。第一印象把握的是事物的整体特征和显著特征。

包装的第一印象表现为货架效果。成功的包装形象必须具有良好的货架效果，注意独特性和跳动性，力求避免被"淹没"的危险。评价包装形象不能孤立地看它在设计室中的案头效果，而必须检测它在一定销售环境中的货架效果。一般而言，一个主要展销面约为 200cm^2 的包装（如酒盒、食品盒等）应让相距 $3 \sim 5\text{m}$ 的观众能鲜明地看清它基本的品种类别，而在 $2 \sim 3\text{m}$ 的距离上，应让购买者看到它的牌号和主体形象。不同的包装应根据其体、面的大小具体把握适当距离的视觉"张力"。

突出包装形象的第一印象单从形式上无非从两方面入手：第一，是包装视觉形象自身的鲜明性、视觉效果的典型性。第二，则要了解同类商品的包装形象。特定形象的视觉效果不仅同它自身的变化有关，而且离不开所处的特定环境。这种影响某一形象视觉效果的特定环境可以称作这一形象的"视觉场"，这一形象的视觉效果是它自身与它的"视觉场"综合作用的结果。例如，一个橘子放在一堆西红柿中间远不及放在一堆香蕉中更具有视觉"张力"。正确处理包装形象与其"视觉场"——货架环境的关系是加强第一印象的主要手段之一。

但是处理一件包装的货架效果，加强其第一印象以区别其他同类设计并不单是视觉形式问题，而首先应当选择产品自身独特的信息表现点，也就是前文提出的"信息要点及其主次关系的定位"，使其具有独特形式处理的更大主动性。如果外观近似的商品都以自身作为视觉表现的主体形象，就难以有明显区别。例如同样为碳酸饮料，可口可乐将标志图案作为信息表现点；芬达以鲜橙形象诱发联想；而雪碧却突出晶亮纯净的品质，各自具有鲜明的视觉印象而独树一帜。信息定位和货架效果虽是表现系统中的不同环节，但两者是相互关联的，强化其中一方面势必会影响到另一方面。

二、重复印象

视觉第一印象固然重要，但由此得到的客观世界的信息毕竟有限，它是在很短的注视时间里得到的最笼统的初步印象，缺乏对形态、肌理、色彩关系深入、细致、具体、本质的了解。此外，视觉受环境和主观心理的影响，有时会产生片面的、甚至是错误的第一印象。这样的经验使人在取

得对象的第一印象之后养成重复审视的习惯。"重复"可以是从不同角度
对同一事物的多次审视，也可以认为是多次新的视觉感知。由于视神经受
同一事物的反复刺激，所得印象特别全面和丰富，记忆也比较牢固。重复
印象的结果是视觉的最终印象。大多数情况下，只有取得了对象的最终印
象，人才会做出判断和行为反应。

现代包装形象大多表现出简洁明快的格调，体现了现代生活节奏和
审美倾向，并且符合商业竞争的需要。对于紧张的生活节奏和拥挤的销
售环境来说，简洁的"第一印象"效应有利于减轻视觉接受的"负荷"，
但是，不但顾客的眼睛不会仅仅满足于唯简为上的视觉形式，也要求获
得丰富、新颖的视觉享受，而且对于商品的挑剔态度会迫使顾客多次审
视对象，以便在做出判断之前获取足够的信息。如果说第一印象强调
"简"，而重复印象趋向于"繁"的话，包装形象应该繁简相融。繁简相
融不仅是外在形式的数量问题，更是一种变化关系。简而不空洞，繁而
不琐碎，就必须有表现创意。图 3-8 和图 3-9 是在"繁简"处理上成
功的案例，形象鲜明并经得起反复的视觉考验。第一印象可迅速以色彩
和形态区别出集中信息的标识主体图案与地纹图案，并且将视线吸引到
前者；重复印象将反映所有商品信息。丰满的、富有内涵的图形井然有
序地渲染内容物的品质。

图　3-8

图 3-9

第四节 视觉经验

视觉语言首先要让人识得出，这是保证视觉传达成功的第一步；其次要让人看得懂，这是信息能够被人接受的关键。前文已提到知觉对不理解的信息一概拒之门外，形成不了信息的摄入与交流。视觉信息要被看懂，就必须和视觉经验相联系，考虑信息接受对象的理解和接受能力。生活经历使人对不同时空的各种事物的形态、色彩、肌理及其他视觉特性留下记忆，并且在这些表象记忆和事物本质之间建立由此及彼的思维反应，逐渐形成视觉经验。视觉设计正是通过这些视觉经验进行造型活动和信息传达，唤起对意义的感知。

由于外界不同的视觉对象对视网膜的刺激所造成的不同的视觉感受经验被称为生理性视觉经验。生理性视觉经验一般是通过视觉印象获得的，主要是事物的表象记忆和直接记忆。例如，有过被火烫经历的人，再次见到火的形状与颜色时，会因为上次的经验而不敢贸然接触。在生理性视觉经验的基础上经过时间的积累，会在记忆中对某一事物的特点和共性产生概念化的视觉经验。概念性视觉经验对事物的回忆不是简单地再现，而是能将事物特征进行综合，对同类事物形成集中的、具有代表性的概念，具有符号的特征。概念性视觉经验与生理性视觉经验相比较，更具有抽象的特点。由于人类生存具有某些共性，大多数事物的形态、色彩、肌理等视觉元素对于大多数人具有相同或类似的形象思维经验，包括生理性的和概念性的均为常识性视觉经验。例如，自然界的日月星辰、江河湖海等都属于这一类。视觉经验的这种共性特征为包装形象设计提供了基本依据。商品的销售对象是社会大众，具有群体性和广泛性，包装形象对于受众必须普遍地具有特定视觉意义才能完成信息传达。

同时，必须看到，不同生活区域、生活经历以及不同时代和文化背景所派生的生产方式、生活习俗、文化艺术、思想意识是不同的，这些差异决定了人们在自然和人为两个范畴视觉经验的不同，这种不同的视觉经验称为相对性视觉经验。相对性视觉经验的主要特点是视觉联想不同，强调的是视觉经验的差别和个性。这里的差别和个性是就常识性视觉经验所强调的共性而言的。设计师必须考虑包装形象在目标消费者群体视觉经验中不同的接受状况。例如，欧洲人认为猫头鹰象征博学，而东方人认为猫头鹰代表不吉利；色彩也是如此，黄色在中国代表光明和高贵，在西方却有许多负面的含义。

第五节　视觉联想与包装形象的视觉表现

视觉联想是建立在视觉经验基础上的从某一事物转移到另一事物的心理过程。

一、具象联想

具象视觉联想是由一个事物的具体形象迁移扩展到另一具体事物的联想，它是以事物表象的物质性为依据的。它是心理活动的基础，也是抽象联想的依托。利用具象联想可以有效地提高商品信息传达的速度和准确程度。在视觉经验中，事物个体的形态往往直接表达准确的信息，而准确的信息传达是包装形象设计的最终目的，因此具象联想在包装视觉传达中能发挥重要作用（图 3-10）。具象联想能够让视觉感知的信息从一种媒介

图　3-10

图　3-11

图　3-12

转移到另一种媒介；从一种状态转换到另一种状态（图3-11、图3-12）。这一特点开拓了设计思维，提供了表达方式的选择余地，如充分运用相似联想、接近联想、因果联想等。外包装的具象造型使无形的商品概念具体化、形象化。

二、抽象联想

抽象联想侧重于抽象思维和情感联想的心理历程，是由事物表面到本质的高层次思维活动。运用到包装形象，能够提炼商品的本质特点，把具体商品信息升华为概念性的抽象信息，通过抽象形态以及它们的排列组合所带来的心理感受进行有效的信息传达。图3-13洗涤剂包装采用具有力度和动感图形结合色彩的变化来表现"强劲的洗涤功能"。又如图3-14药品包装，单纯、明确的几何形构成明朗的色块，塑造理性、科学、高效、健康、亲和的视觉形象。

三、联觉联想

人的各种感官之间是有联系的，一种感官感受会因其他感官的兴奋诱发或得到加强和减弱，例如，看到酸味的食品会引起味觉反应。在视觉心理上，信息的交叉和转移是由感受相通这一生理特点决定的，视觉经验与视觉联想也由此产生。这种人体感官互相影响的现象称为视觉的联觉现象，它的产生是人的生理机制中两种或多种分析器系统活动并相互作用的结果。由于人体感官是一个既有分工又有联系的统一体，对外界事物的感知也是同时进行的，传达到大脑中枢部分的经验也必然存在于一个整体的系统之中。当外界某一相同的刺激传输到记忆中心时，唤起的兴奋神经不只是与之相对应的那部分，还有与之相联系的感觉记忆。联觉现象使各种感觉情报视觉化成为可能，感觉可以表征为相应的视觉

图　3-13

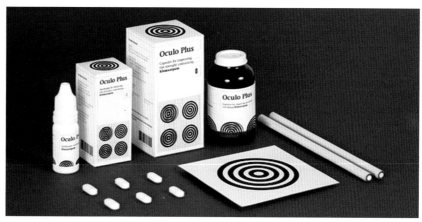

图　3-14

符号。日本小笠原登志子等所著《平面——意义的造型》一书提出了这一设想，并进行了这方面的研究。各种味觉情报、嗅觉情报、听觉情报、触觉情报、肌肉觉情报、时间觉情报都被视觉化为特定的形态、色彩和肌理。这一基础性研究的引入对于必须准确传达商品信息的包装形象设计来说无疑极具意义。构成的法则局限于形式，而包装形象所要传达的信息的相当部分是实实在在的有关商品的感觉情报，这就不是一个形式的问题，而要实现某种转化。摒弃自由设计，利用联觉现象将有关商品的感觉情报视觉化，从而确定形态、色彩、肌理等视觉元素，应该成为包装形象设计的重要手段之一。

第四章　包装形象视觉元素与视觉语言

视觉元素是接受和传达信息的工具与媒介，是视觉语言的单词与符号。包装设计中，即便信息定位准确无误，视觉元素的选择和使用如果不恰当，也会影响信息的传达，引起信息接受对象的误解和迷惑。作为视觉元素的图形、色彩、立体造型与材质、商标、文字等在包装整体形象的传达中起着最基本的作用，并且能够反映绝大部分信息符号的特点。

第一节　包装形象视觉元素分析

视觉元素是指构成视觉对象的空间、形态、肌理、光色等基本单元，它包括具象与抽象两方面的内容，体现着整体与局部两方面的关系。既然这些视觉元素构成了自然界和人类社会的一切可视对象，那么就可以从视觉元素来认识和研究事物静态与动态的所有信息。

一、图形

包装设计中除运用文字作为交流思想、传达信息的媒介外，大多数情况下需要以图形作用于人的视觉，由视觉效应激发心理反应来实现和加强信息传递（即视觉联想）。美国卢巴宁说："图形设计师的天职是用图像投射信息。"日本文学家时枝诚记说过："通过文字语言得到的印象是抽象的、易逝的，可能只有一般价值，且掌握它需要时间。而通过图像得到的印象则是具体的，能够看到确定的例子，瞬间就可以掌握。"事实上，人类在创建文字表达概念以前，很早就会用图形传达信息了，并且许多文字就是从图形转化而来的。与文字语言相比，图形所反映的信息更为直接、全面、丰富，对图形的认识也较少受文化、思维、情绪的影响。图形不仅因其直观性更易于接受，而且因鲜明生动更富有感染力。用于包装的图形同样可以分为具象和抽象两大类。对这两类图形的理解与掌握程度直接关系到设计师准确塑造包装形象的能力。

具象图形利用直接可感的形象来传达信息，它真实、清晰、完整，便于理解，具有亲切感，其作用主要在于：展示商品（商品的主要特点表现在外观上）、强调特点（许多商品往往不是一切方面都超过同类，而是在某些关键部分有所创造和突破，通过画面对比强调会产生强烈效果）、表现用途（表现商品使用时的情形，增加生活气氛的真实感。介绍商品的用法、使用过程、使用情形比用长篇枯燥的文字令人感兴趣，且感受具体）、进行比较（将商品使用前后的直接效果进行直接比较，或将同类商品进行比较，利用画面真实形象地表现使用前后的不同事实，提供直观有力的证据，产生较好的说服力）、寓意象征（运用具体形象的象征意义表现商品特性）。

抽象图形不受客观形、色的约束，以新鲜、刺激、振动的幻觉感受吸引视线，以简练的形式感，通过抽象联想使消费者理解其意义，即使不能被立刻理解，也会因其整体形象的鲜明而被作为标志记忆。对一些无具体形象或形象不佳的商品，抽象图形更是大显身手。其基本构成元素是点、线、面。

形象是否被看作点不是由本身大小决定，而是决定于其大小与框架大小形成的比例。点吸引注意，发挥视觉中心的作用。吸引视线的作用使之成为"向心"和"离心"视觉运动的焦点。点的排列可以形成鲜明的节奏的韵律。

线是点的集合。点是没有方向性的形态，但点的运动是具有一定方向性的，这使它运动的轨迹——线也具有明显的方向性。直线、斜线、折线、各自有垂直、水平、倾斜等明显的方向性；几何线、自由曲线也都有回转、流向、倾势等方向性。线因方向、形态的不同而产生各种感觉。垂直线给人挺拔、刚毅的力量感；倾斜线产生奇突、惊险、不安定的感觉；弧线感觉流畅、轻快；曲线感觉活跃、跳动；几何曲线感觉理性、明快。

面除"规矩"的几何形外，还包括不规则的自由变化形态。非几何形态的面往往显出活泼、浪漫、抒情的趣味和风格。面的形态主要依据线的形态而定。直线型面有平整、光挺、简洁之感；折线型面通常含有痛苦的紧张的意味；曲线型面有柔软、温和、富有弹性之感；圆、椭圆有圆满柔和及完美、温暖的感觉。面因其形态和位置的不同带来各种感受，例如，三角形正放与倒置给人的视觉感受是截然不同的。面在构图中起重要作用，在整体布局中不容忽视。通常，基本构图线不能解决的整体构图问题需要以面来解决。

点、线、面应用于包装形象除了直接将其构成作为画面主体形象外，表现中还可作为辅助处理的底纹、边框或其他装饰变化，用以辅助主体图形的造型特色。如图4-1方便食品包装，采用整齐的直线作为背景。排列形成的肌理与内容商品形象或呼应或对比，加强画面整体构成效果，形成既变化又统一的视觉语言。对具象图形加以点化、线化、面化处理，即以抽象的点、线、面构成具体形象，或以点、线、面将具体形象肌理化可加强具象形态的形式感和视觉变化的丰富性。

图　4-1

图　4-2

许多视觉艺术形式中，空白分配得当能使画面具有虚实疏密、气韵生动流畅、节奏和谐的效果。视觉对象的各个部分，包括空白都是构成传达的媒介。空白通过创造意境、引发联想在包装形象中起到烘托和加强主题的作用。"无形无意"的空白是最常见的一类。"无形无意"是相对具有一定含意的主体图形而言的，它不但能调节画面的信息量，而且使非空白部分得以更清晰、更集中的表现，使整体更鲜明、更单纯。许多化妆品包装就常以大片的空白来衬托品牌形象并传达洁净、素雅、高档、现代等感受（如图4-1和图4-2）。"无形有意"的空白则包含了明确的信息内容，这类空白处理作为整体形象的一部分较为具体化。

二、色彩

色彩能以特定语言传达商品信息，影响"购物欲念"。在视觉诸元素中，视觉对色彩刺激的感受最敏锐。波长不同的光波作用于视网膜，由对视觉神经的刺激在生理上产生光感，并产生深浅、轻重、大小、前后、软硬、冷暖等心理感受。人类长期生活在光与色的环境之中，积累了大量有关色彩的视觉经验，通过视觉联想产生色彩的象征意义。

红色波长最长（620～700nm），在空气中辐射的直线距离较远，在视网膜上形成刺激的位置最深。视觉上给人以迫切感和扩张感，为前进色；红色的纯度最大（指数为14），所以给人的量感也最大；因红光传导的热能较大，又称为暖色。在自然形态中的太阳、火焰、血多为红色，所以在视觉传达上多象征热情、生命、活力、危险等。

橙色波长居红黄之间（590～620nm），明度也在两者之间（指数为6），所以既温暖又明亮。橙色的纯度略小于红色，明度又高于红色，具备红黄两色的优点，温暖、华美。它象征快乐、健康、勇敢。

绿色波长居中（500～565nm），视觉刺激感受最适宜，纯度较低，明度居中，象征自然、生长、生命、安全、健康、休息。

蓝色波长短于绿色（430～470nm），辐射直线距离短，在视网膜上成像的位置也很浅，故为后退色。蓝色的纯度、明度也比较小，在自然中多和天空、海水联系，象征纯净、新鲜、冷静、凉快、深远等意义，并由此引伸被用来表现未来、高科技、思维等理性感受。

紫色光波最短（400～430nm），明度低。由于光波短，引起视神经兴奋小，易使视觉疲劳；由于光感小，色相易感度不高，在心理上易产生阴暗、肃穆、压抑的感受。自然中，紫色除与阴影、少量花卉果实等相关外不太常见，故它常象征悠久、神秘、深奥、理智、高贵、冷漠等。

白作为全光色反射率高，给人以光明、纯正的感受，成为卫生和医疗的象征色，也象征纯净和寒冷。

黑属无光色，明度低，量感大，庄重、严肃，常象征庄重、坚硬、男性、工业等。

金银色属金属色，与其他色一同使用能起到很好的协调作用，常用来表达材质感、价值感、光感，给人华丽辉煌、夺目的感受与印象。

灰色系明度、纯度适中，接近自然物本色，表示朴素、平凡、谦虚、成熟。

不同的色彩组合关系对视觉产生不同的刺激，形成不同的心理感受，这是色彩构成所要解决的问题。在视觉经验的作用下，色彩的象征意义既有世界性，又表现出一定的差异。色彩感受的差别主要来源于民族、年龄、性别的不同，也与性格、阅历、文化的因素相关。色彩视觉经验的相对性必须被重视，以塑造符合目标消费群体认知规律的包装形象。

直接色彩构成是包装装潢中最基本的色彩表现形式，即"应物象形，随类赋彩"，借助商品固有色表现形象，因此又可称为商品形象色。如橘汁大多倾向橘黄色；葡萄酒为紫色；柠檬为黄绿色；糕点烤黄才有熟的感觉，因此暗黄色的画面能使人通过联觉联想"闻"到糕点的香味。又如茶色、褐色能酝酿出巧克力、咖啡之类的浓郁香味。直接色彩构成通过消费者的具象联想能迅速、准确传递商品信息，使消费者有效识别理解内容商品。

间接色彩构成是一种创造某种氛围和情调的配色方法，类似写意，它不直接反映客观事物的固有色，而是以象征语言表现商品性质，着力渲染一种情绪、一种气氛，给人以某种感觉、某种气氛、某种联想，以此揭示商品性格。这种方法适合无具体形象的商品，例如，洗涤剂包装以蓝、白为主调构成较多，因为蓝色是典型的冷色，有关天空、大海的联想带来清静、凉爽的洁净感；白色又使人联想到洁白、卫生、纯净，通过抽象联想传达色彩的象征意义，使消费者对洗涤剂的特点、功能与属性有所理解。药品用冷色表示镇静作用；滋补品用暖色表示健身强体，这些都是间接色彩构成形式。

图 4-3　　　　　　　图 4-4

强化视觉印象的色彩构成则体现于以上两种构成方式之中。包装第一印象在销售中起到重要作用，这种重要作用往往通过鲜明的色彩构成得以实现。色相及明度差大、对比强烈是其主要特征（见图 4-3 和图 4-4）。

三、文字

文字运用于包装有以下类型：基本文字（包括牌号、品名、生产厂家及地址）、资料文字（包括产品成份、容量、型号、规格等）、说明文字（包括产品用途、用法、生产日期、注意事项等）、广告文字（用作宣传商品特点的推销性文字，起到促销作用）。文字是记录信息、传达思想的符号，语言学家注重文字的语义传达，而设计师必须研究其视觉表现的感染力，把它看作一种形象要素。无论汉字或拉丁文字，各种字体本身具有一定的"性格"，并且大有文章可做。老宋体的端庄、仿宋体的秀丽、黑体的有力、书体的洒脱都可以成为视觉感染的因素。而形形色色的字体变体变化，包括对文字的外形、结构、笔画、色彩等要素的变化，更是塑造包装形象的有效手段。字体格调与图形、色彩的表现一样，力求体现的是商品品质与个性，但文字的可读性、识别性是设计变化的前提。文字编排则是通过形式和位置上的处理，使文字合理、清晰地引导视线，其形象同样应该富有典型性。

四、立体造型和材质

体起限定空间的作用，面的移动、堆积、旋转形成体，被面包围的称体。有代表性的是方体、球体、圆锥体、方锥体、圆柱体、棱柱体六大基本形体。包装容器造型通过基本形体的构成满足各项能要求，并传达丰富的视觉语言，以满足认知和审美需求。具本手法有线形变化、体量变化、切割

图　4-5　　　　　　　图　4-6

变化、组合变化、模拟表现等，限于篇幅，本文不作展开。

　　包装形象是一种关系网络形态，一种组合关系状态。除前面所分析的视觉要素外，质地在包装形象构成中有相当的地位与作用。质地与材料有直接的对应关系，材料与价值密切相关，而价值与审美效应又有直接的联系，因此，质地在创造某种气氛、某种心理效应上有相当的价值与作用，如华贵（丝绒绸缎、铝箔）、古朴（炻器、仿古陶）、民族化（竹板、竹编、仿古青铜器）、现代化（铝箔、铝箔复合材料、塑料薄膜），等等。如有些包装仅用一套色处理主要展示面，裸露部分充分利用金属材料的视觉特性来表现技术、理性、高贵的商品特征。以任何色彩掩盖其物质的，都无法达到同样的视觉效果。有些将玻璃材料透明特性与内容物形象结合起来，调动一切可用的视觉元素，加强商品的自我表现力。图 4-5 和图 4-6 是日本酒包装容器，以传统材质（炻器）、传统手工艺（手工拉胚），结合传统书法艺术塑造了具有民族风格和文化蕴味的商品形象。

五、商标

　　商标属于标志的一部分，本身是商业设计的一个专题，很多情况下被独立地加以讨论。在这里提到它，是因为商标的主要载体是包装，商标作为视觉要素对包装形象的塑造意义重大。包装力求推出鲜明形象，不仅内在地包含了标志的因素，在视觉整体上往往也要求外在地具有标志化的样式，有时甚至直接用标志形象作为视觉表现的主体。从这一意义上讲，商标设计应纳入包装设计范畴来探讨，至少应该充分考虑到包装形象问题。设计包装不外乎两种情况：一种是包装全新的商品，全新

1898

1905

1906

1945

1951

1962

1971

1987

1991

2002

图　4-7

图　4-8

的品牌；另一种是对老产品、老品牌进行包装改良。前一种情况当然要从无到有设计商标；而后者则需对原有商标进行分析，决定是沿用、改进或是创新。也就是说无论哪种情况，对商标的推敲是必不可少的，而其标准都是必须符合包装形象的整体要求。实际操作中，往往容易将商标与包装割裂，先解决前者，再解决后者，而忽略两者的关系，这样必然影响到包装总体形象。许多企业确实也很重视商标，往往在推出产品前就用征集评比等方式确定商标，完全不考虑与包装形象结合的问题，而且一旦确定方案，在使用过程中也不注意改进，使新包装开发一开始就受到这一因素的限制。我们可以看到许多成功的世界品牌都将商标与包装形象有机结合，并适应时代发展不断革新，保持了独特鲜明的商品形象。"百事可乐"饮料商标一个世纪以来不断改革，包装形象也日趋完善（见图 4-7 和图 4-8）。

第二节　包装视觉语言的逻辑性

前面曾提到思考性过程和视觉化过程，所谓思考性过程，是指包装设计目的、背景、计划及效果之考虑，以及由此引导出的概念；而视觉化过程则是将设定好的概念通过视觉元素转换成可视信息，形成视觉语言。视觉化过程既要选择合适的视觉元素，又应安排一个合理的视觉流程。一个优良的包装形象，其视觉流程应该符合一定的原则。

按照信息的主次要求是视觉流程安排的基本依据，即要突出主要信息。受众一般处于消极被动状态，为了让消费者在注目包装的一瞬间能按信息的主次要求有序地接受信息，将视觉信息在形式上加以逻辑的传达至关重要。设计中不是单为了装饰才用线、形和色彩，而是把它们作为功能因素来引导人们的视线流程。与认知心理过程和思维发展的逻辑性一致是视觉流程安排的基本途径。思维的程序即逻辑，是用概念的演化、发展过程来反映客观事物的发展过程。一般认识过程是先感知，再通过思维对掌握的材料进行分析，从而认识事物的特点、关系和规律，亦即人们在认识

图　4-9　　　　　　　　　　　　　　　　　　图　4-10

过程中遵循先感性后理性的顺序。因为视觉生理和心理的功能特点决定了
图形所提供的可视信息比文字更具有直观性，所以常将图形包括图形化的
文字作为包装的主体形象（见图 4-9 和图 4-10）。

第五章 包装形象与视觉表现的从属性

　　包装的功能设计、材料与工艺设计、经济与市场销售计划有机结合起来，建立起一个全方位的设计工程。包装的视觉语言也是由材料加工、工艺造型等因素共同表达出来的。视觉传达对以上几个方面都具有十分明显的从属性。视觉传达的从属性界定了包装视觉语言的功能目的和表现范围。

　　人的需求决定了设计品的功能，这一点反映在包装形象上，除了形象本身所具的促销功能外，还表现在保护、便利方面，也就是说包装的外观形象必须同时符合这些功能要求。最基本的保护功能要求包装以特定材料和结构来维持其内容物的质与量，这种特定的材料与结构必定表现为某种可视形象。另外，许多便利性设计也使其带上新的特征，比如便于携带的提手、便于开启的易拉盖、便于使用喷雾的装置等。对功能的从属并不表明包装形象完全处于被动的受支配地位。在满足基本功能要求的前提下，视觉语言具有很大的灵活性。这种灵活性带来设计的自由空间，同时使方案选择变得更为重要。

　　对包装的基本功能要求很大程度上决定了材料的取舍和工艺方式的选择。材料和工艺直接影响到视觉信息的反映形式和水平。包装的视觉语言必须在材料和工艺的基础上进行视觉信息符号的选择和使用，这是第一性的；另外，不同材料因其理化属性差异以及加工工艺的不同，使包装形态更为多样化，为丰富视觉语言提供了条件。

　　包装视觉传达的从属性表现在经济的合理性上。视觉要素的选用关系到材料和工序的成本，因此在设计过程中经济因素无处不在。以最少的投入得到尽可能丰富、恰当的视觉传达效果是设计的原则之一。装潢过剩是目前市场上常见的一种背离这一原则的过分包装传达上的错误，使消费者产生名不符实、夸张造作的不良印象，而且造成社会资源的浪费。

　　因此，其从属性还体现在社会效益方面。全世界兴起的绿色革命对包装设计提出了新的要求，20 世纪 80 年代提出绿色包装概念。在韩国汉城召开的亚洲设计展示交流会上，各国设计家认为：从保护环境和可持续发展的观念出发，21 世纪包装设计师的重要任务是创造和发展与环境"友好"的包装。以环境资源保护为核心概念的包装设计在进行决策时，除满足一般功能要求外，还要满足环境性能要求，达到优化设计的目的。得到公认的绿色标准有三条：1. 消耗能源、资源少；2. 不危害使用者，不危害环境；3. 可回收再利用，循环再生或自然降解（图5-1、图5-2）。这些标准必然影响包装的外观形象，但是这种影响并不完全是限制，相反，只要处理得当，反能创出符合时代精神的、崭新的视觉语言。审美心理是社会综合意识的一个方面，消费大众并不总是偏爱那些华美与铺张的视觉对象，环境意识、文化素质和社会文明程度的提高必然会反映在新时代的审美情趣中，形成视觉设计的新标准。图5-3和图5-4是个很好的例子，设计者的主要目标之一是通过产品形成一种社会环境共识，并使其自然地融入顾客的观念之中。与其他礼品套装一样，这一包装有许多需要考虑的因素，例如品位、价格档次、产品组合、品牌塑造等，与众不同的是设计者恰当地利用了再生材料。其环保意识受到高度赞扬，整个产品和包装都支持了"让使用者与世界和人类更接近"的全球行动。因此，只要设计合理，许多廉价或再生材料不但同样可以塑造优秀的商品形象，而且有助于体现"重视环保"这一富于社会责任感的企业经营理念。

图　5-1

图　5-2

图　5-3

图　5-4

第六章　包装设计中的体验营造

随着商品价值与消费体验紧密挂钩，作为商品重要组成部分的包装正转化为一种能提供积极体验的参与物。从体验营销的角度看，包装设计可以理解为关于功能、信息、情感、审美等一系列积极体验的营造过程。

第一节　营造消费体验的商品包装

托夫勒在其《未来的冲击》一书中提出了体验经济的概念。体验是当一个人达到情绪、体力、智力、精神的某一特定水平时意识中所产生的美好感觉。体验经济是以满足种种体验为核心价值的经济形态。它是以企业服务为舞台，以商品为道具，创造出消费者最值得回忆的经验。在体验经济模式中，消费者为体验付费而不是孤立的商品或者服务。随着商品价值与消费体验紧密挂钩，作为商品重要组成部分的包装转化为一种能提供积极商品体验的参与物。经由包装平台，可以建立使用者与商品的沟通，传递关于商品的体验。包装的种种职能诉求，正向一系列围绕消费行为的间接体验转化。包装所提供的间接消费体验渗透在商品保护、仓储运输、卖场展示、使用消费和回收处理等多个环节，落实于包装材料、结构、形象等物态元素。这种体验又是意识和精神层面的，它针对心理需要的满足。从体验营销的角度看，包装设计可以理解为关于功能、信息、情感、审美等一系列积极体验的营造过程。

第二节　功能体验人性化

包装最基本的功能是包裹、盛装产品以满足保护、储藏、搬运所需。一些诸如防震动、防挤压、防撞击、防渗漏、防污染、防辐射等基本功能得到规范和保证后，现代包装在使用便利性方面发展出更为人性化的功能。易拉罐包装、喷雾式包装、便携式包装和组合式套装所提供的便利功能都是以改善使用体验为出发点。例如，带有自动喷气装置的喷射式应用设计能使泡沫状或黏稠的物质方便地倒出而不必费力摇晃或倾倒容器；在奶粉等婴儿食品包装上添加计量刻度或活动倾出口以便于精确控制用量。著名的 Evian 瓶装水在瓶盖上部添加拉环装置，提供了运动中的携带方便。Superdrug 沐浴啫喱包装出于沐浴时产品安放与拿取便利性的考虑，在瓶盖部分加上了一个钩状装置（图 6-1）。

图　6-1

　　材料与技术的进步为拓展更为人性化的包装功能提供了条件。荣获日本 JPI 优秀包装大奖的一款蔬菜包装袋就提供了与烹调效果有关的新功能。这个包袋是双层结构，里层是全封闭的，在取出实物时撕开抛弃，外层由一种新型复合材料制成，设有一个通气孔。在用微波炉烹调时，随温度升到摄氏 100 度，气孔自动打开。这层独特的微波炉袋能更方便地提供即食的新鲜蔬菜，使其营养和口感超过水煮蔬菜。获得德国包装竞赛大奖以及世界之星大奖的"制冷桶"啤酒包装为了满足随时享用冰镇啤酒的需要，加入了物理制冷系统。这是一个可以通过启动制冷链方便冷却内容物的功能型包装，极具人性化。

图　6-2

　　便于使用的人性化设计既包括全新功能的添加，又包括既有功能的改良，有时往往体现在一些不易察觉的细节上。例如，易拉罐拉环开口结构由原来的撕裂式改为现在的顶开式，使开启动作更小，用力更轻，废弃物更少(开口部件与容器主体不分离)。又如，Halla Kitty 木糖醇口香糖包装，不但将通常要用两手才能打开的盒盖改为仅以单手拇指推移就能开启的滑盖结构，而且添加了便于悬挂的连接件（见图 6-2 和图 6-3）。以上案例说明，包装功能体验的优化须以"人性根本"为基础，充分考虑各个使用环节的人性化需要。

图　6-3

第三节　信息体验直观化

　　包装视觉传达设计的主要目的是传达信息。商品的类别、特性、安全、使用方式及功能属性方面的相关信息均为消费选择提供依据，影响对商品的价值判断。明晰、高效的信息传达要依靠合理提炼信息内容，分析信息结构，编排传达流程，同时还有赖于以直观、清晰的视觉表现。信息泛滥正使消费者失去关注的耐心。因此，"注意力经济"理论将注意力看作一种珍贵资源。相对于文字陈述，在日益嘈杂的信息环境中，符号、图表、插图等视觉语言和直观化的创意手法更加有利于赢得注意，促成高效的传达。

　　包装是众多商品信息的载体。在这个复杂的信息系统中，存在一些对消费选择起特别作用的关键信息。对这些关键信息的提炼和表达是包装视觉传达设计的首要任务，抓住关键信息集中表现往往能直击目标。关键信息既可以是隐含在商品中的某些固有特点，又可以是营销策略特别赋予的概念。它不应局限于突出品牌、品名等常规内容，还要着眼于任何能够形成差异性的要素。例如，SCHROEDER 牛奶包装明智地摒弃了在标签上展现奶牛或农场形象，而是将简捷明快、便于识别的文字作为视觉传达的先导图（图6-4）。关键词"One""Two""Skim"和"Whole"以高纯度的色彩和突出的体量强调着这样的信息：1% 低脂牛奶、2% 低脂牛奶、脱脂牛奶和全脂牛奶。脂肪含量信息通常出现在说明性文字中，或者作为品名的附加标示出现。而在这一设计中，脂肪含量被视作最高层级的重点信息，甚至连品名也让位于它。这一设计的成功之处在于从特定消费行为中提炼了关键信息，并以直观、简练的形式优先传达。Turner Duckworth 洁厕灵容器上有两种显眼的图案。身着优雅小花裙的女性图案暗示一种洁厕灵的清新芳香，而挥舞铁镐的勇猛男士图案则象征另一种产品对污渍、水垢的强力清除功能。这两种图案概括了产品重要的功能特性，意义明确，生动直观，其信息传达效率远胜文字陈述。除了图案，色彩也很恰当地区分了这两种商品，起到了功效指示作用。SUPERDRUG 沐浴啫喱包装的主体形象是一个由水果变成的淋浴喷头，既传达了产品的功能，又突出了"水果香味"的特点。甚至水果味的不同也可以通过图形来识别。这件设计在对主要商品信息的形象化处理过程中充分调动了消费者的视觉和思维。Aqualiber 水果饮料在 2002 年以新的包装形象展示其健康理念"平衡"，新采用的饮料瓶标贴以符号与图像巧妙结合的手法形成一个"平衡图式"，直观地传达了主题信息，使顾客通过包装对品牌理念和商品特点一目了然（图6-5）。

　　另一些以视觉为主导的直观的信息设计不但提高了信息传达的效率，而且使之变为一种能产生乐趣的沟通体验。Mr.Lee 方便面包装别出心裁地将其创始人的面部表情漫画处理后布满整个容器表面（图6-6）。具有体积感的头像强化了这个包装的趣味性。除了拟人化，该设计更为巧妙之处是利用 Mr.Lee 的面部表情表达不同的口味。在传情达意方面，表情往往胜于言语，来自生活的沟通经验为包装的信息传达提供了灵感。

图　6-4

图　6-5

图　6-6

第四节　情感体验角色化

美国的巴里·费格教授提出了"情感营销"的概念，指出：情感是营销世界的力量源泉。许多商品的成功是因为与消费者建立了一种情感上的联系，提供了某种无法抗拒和难以替代的情感体验。情感体验是由属于个人的心理反应或精神状态与特定信息、事件或环境互动作用的结果。因此对个人角色身份的关照在情感体验营造中显得十分重要。包装的情感体验营造应该以消费者的身份角色作为主线，定位亲情、友情、爱情的诉求点，利用角色行销（Character　Marketing）策略，创造出能代表商品特性和消费需求的角色形象，以战略性的"情感原形"在消费者和商品之间建立沟通桥梁，唤起和满足情感的需要。

亲热感和幽默感是包装情感诉求的两种主要角色类型。亲热感角色传递的是有关爱情、家庭、朋友之间的温柔、和谐、真诚、友爱等情感。例如，婴幼儿商品包装上的母亲形象和保健品包装上的长者形象都会使顾客的情感体验备感真切。南方黑芝麻糊包装形象中的人物是亲热感角色的典型之一。慈祥的大嫂和天真的小男孩所上演的温情一幕唤起童年的亲切回忆，"一股浓香，一缕温暖"的情感体验油然而生。可口可乐用刘翔和SHE组合、百事可乐用周杰伦和郭富城等明星来包装自身，目的是使年轻消费者形成"角色归属感"从而亲近商品。

幽默感角色使人轻松、愉快、兴奋，能引起注意，平添乐趣。儿童商品包装较多采用这种角色。2002年，可口可乐将虚拟形象"酷儿"用于一种果汁饮料的包装，销售业绩显示，"酷儿"包装唤起了充满童真的角色体验。麦当劳曾用KITTY猫礼品进行角色行销，而现今KITTY猫角色以包装主体形象的方式与更多商品建立密不可分的联系。淘气粗糙的东西往往更受孩子们喜欢。TESCO　KIDS食品包装采用了表情丰富的卡通眼睛，单纯而生动，仿佛被注入了生命与性格（图6-7）。当目光接触到

图　6-7

图 6-9

图 6-8

这一双双神秘呆萌的眼睛，了解它、拥有它的欲望自然萌发。FRUITER饮料针对儿童兴趣专门塑造了动感十足的卡通猫角色（图6-8）。设计师认为，有生命的角色在沟通方面比那些纯装饰性的元素更有效。卡通猫以家族阵容呈现，使类型多样的产品呈现较强的系列感。同时，每个角色都有针对目标，比如"猫妹"专门用来吸引小姑娘的注意。姿态各异、活泼调皮的卡通猫结合亮丽的色彩使各种口味的商品增添了性格上的差异。雀巢公司CARLOS块糖包装则对角色表情进行了调整。张扬的人物表情使CARLOS国王品牌形象更具活力（图6-9）。

　　在注重情感诉求和自我意识表达的包装设计中，角色创造和角色假借是两种常用的方法。

第五节　形象体验愉悦化

　　"读图时代""视觉消费时代"等新概念意味着商品终端展示形象越来越重要。购物越来越像娱乐活动，超越物质功能之上的精神愉悦和艺术审美渗透在日常的消费选择中。形象是主体在一定的知觉情境下，以一定的知觉方式对客体的感知以及由此形成的心理图式。形象化成为体验消费的特点。娱乐形象、时尚形象和艺术形象的引入，能丰富形象体验，营造精神愉悦，从而有效地提升商品的附加值，刺激消费。

　　娱乐的本质是对"全新感知、体验与理解"的追求和对创造本能的满足。娱乐因能提供现实之外的美好体验而具有极大的吸引力。娱乐业巨头迪斯尼公司旗下的明星如"POOH"（小熊维尼）、"MICKEY MOUSE"（米奇老鼠）、"SNOW WHITE"（白雪公主）、"DONALD DUCK"（唐老鸭）等系列卡通形象衍生出的商品遍及数码电子、服装、文具、饮食等数十个行业，畅销全球。这些家喻户晓的形象在包装上的应用亦意味着极大的商机和利润，原因是它们可以引起"快乐、幸福、安全、轻松"的感觉。这类设计中，体现幼年特征、动物拟人化和表情戏剧化的卡通造型往往是包装的主体形象。例如，与一般清洁用品的索然无味不同，Superdrug 品牌采取了令人愉悦的方式来包装塑胶手套（图 6-10、图 6-11）。手影游戏以智慧、轻松的形式带来了参与游戏的快乐，巧妙地表达产品的护手特性。除了以平面形式展现，其卡通图形还结合了包装结构的特殊性：马桶清洁剂与清洁布的趣味包装令人印象深刻。"奇峰欢乐鼠仔抛光豆"包装则在容器顶盖设计上采用了具象手法，极易引起儿童的注意和兴趣（图 6-12）。

图　6-10

图　6-11

　　时尚意味着紧跟潮流不断变化形象。对于大众消费品来说，流行与时尚是重要的价值取向。和 SWATCH 一样，FOSSIL 将时尚概念引入手表品牌的塑造。不同的是 FOSSIL 尤其重视以其特殊的包装方式——铁盒来营造时尚趣味。副总经理兼形象总监 Tim Hale 敏锐地感觉到，借由时尚的包装，可以促成 FOSSIL 手表的冲动性消费。通过时尚的造型和画面，Tim Hale 使逐渐远离人们视线的铁盒包装重新焕发活力。起初以具有怀旧色彩的"美国主题"为表现重点。当注意到这种视觉性很强的铁盒包装具有潜在的纪念性和保存价值时，Tim Hale 开始考虑怎样使它更令人不舍丢弃并主动追求。设计小组不断推陈出新，使 FOSSIL 手表每年有 75～100 款体现时尚元素的新包装问世。FOSSIL 手表连同其包装一起，成为一种不断提供新鲜感的时尚收藏品。

图　6-12

　　艺术形象为商品包装提供最重要的感观体验。苏珊朗格认为艺术能表现更为广义的情感，能够提供诉诸于感觉的概念。使用价值只是商品印象的一个方面，诸如"清新典雅""古朴淳厚""华丽高贵"这些美的意象能够充实消费者对商品的心理感受。包装的艺术性和审美品质对于某些商品极为重要，如化妆品。外观夺目的包装为这些无形的商品注入精神和文化内涵。对艺术风格与审美趣味的最求是随时代发展不断变化的。包装形象应体现这种变化以保持生命力。20 世纪 80 年代的老包装使 TSAR 男性香水的形象逐渐老化。通过挖掘容器材质和造型的表现力，新包装树立了 TSAR 顶级奢侈品的形象（图 6-13）。这个如宝石般璀璨的包装在 2002 年被《消费者》杂志评为"当代经典"。细心推敲这一绿色玻璃构造在灯光下的展示效果，控制色彩在起伏表面的分布，追求光、色和形体的完美呈现，这些都已是针对审美体验的艺术创作。设计师如把挑选、使用商品的过程看作一种审美活动，充分挖掘包装材质、造型、装饰、工艺、结构的艺术表现力，就能以审美愉悦为商品营造积极的形象体验。

图　6-13

第六节　个性化定制

大规模商品化的需求定位是相对笼统的，与个体需要始终存在距离。体验经济强调个性化参与，它是向着非规范和非规模经济进行探索的新形态。非规范意味着统一模式的打破，定制应运而生。定制化服务是体验经济的一大特色。定制化服务是指按消费者的个体要求提供服务。随着信息（网络传输与远程控制）、制造（新材料和新工艺）和印刷技术的进步，包装非规模生产的成本瓶颈正在被突破。例如，以无版和可变数据为特征的数字印刷就能满足少量和个性化包装的加工需求。类似于定制个性化产品与服务，根据顾客的特殊需求定制包装不仅在技术上日渐可行，而且成为一种全新的设计理念。规模化包装虽然可以做到工艺精良、形象美观、功能合理，但毕竟只能以同样的形式应对不同的需求。量身打造的定制包装可以克服大规模生产的盲目性，减少过剩生产和需求抱怨。在按需设计、按需生产、减少浪费的特点上，定制包装与绿色包装的理念相吻合。

量身定制的目的是顾客满意和个别价值的最大化。个别价值能够带来难忘的体验和深刻的印象。但是这种个别价值不是商品提供方可以单方控制的，而是源于消费者的独特性和主观需要。只要敏锐细腻地捕捉潜在需要，定制包装就能取得优势。例如，近年来的一些较受欢迎的婚庆用品包装（酒瓶标签、喜糖袋、点心盒等）设法结合进新人的形象、姓名、星座等个人化的信息。这样的定制包装由于能使商品与某种特殊的使用情境紧密关联而提升了附加值。

体验经济的原则是"以顾客为核心"，这一原则不仅体现于被动使用某种商品或享用某种服务，而且可以渗透到对所需物的创造过程。对原先由生产方决定的包装提出自己的要求，是消费走向成熟的表现。虚拟技术、网络传播和现代物流改变了生产、售卖和消费之间的传统关系，变商品流通的单向过程为一种围绕消费需求的互动模式。使用3DMAX 和 Cult3D 建立产品模型，通过 Cult3D、Java API 实现场景交互，使用 ASP 技术实现客户端与服务器端的通信及对数据库的操作可以建立交互式虚拟包装的定制。无论在包装的形式、材料、装饰还是成本方面，顾客将拥有更多的自决权，使商品通过适宜的包装以自己期望的形式出现。在月饼的网络销售中，已经出现了"定制月饼及其包装"的服务，这使月饼这种传统产品更接近年轻人群。月饼包装的定制包括形状、标签、色彩、图案、名称等多种自由选择。更多轻松、时尚、个性化的元素改变了月饼包装的陈旧观念，活跃消费的同时避免了过度装潢。

相对于严格意义上的定制，提供可选的包装成品是一种更容易操作的个性化包装服务。例如，FOSSIL 手表在销售时，店员可以根据顾客的喜好选配包装盒。但这种"自定义方式"的实现前提是包装成品款式众多并且能提供卖点服务。在缺乏现场展示和服务条件的自助超市，个性化包装的操作可行性大大降低。如何在这一主要售卖环境中最大限度地实现包装的按需配置，满足个性化消费需求的同时减少浪费，应是值得研究的课题。

第七章 课程实践

　　包装设计体验营造概念与方法的提出，是对"体验营销"学说应用的思考，也是对现代包装设计理论的探索。营销学专家飞利浦·科勒特指出：顾客体验商品、确认价值、促成信赖后将自动贴近产品，成为忠实的客户。"体验"作为一种新的价值源泉，正全方位地渗透到商品中，使商品价值形成本质差别。它超越传统的商品出售和服务提供，在更深层面满足消费需求。包装是形成商品体验的重要环节。依托于人机工程学、消费心理学、消费行为学、市场营销学、美学和传播学的系统思考，在包装设计中贯穿"体验营造"理念，可以进一步挖掘包装的功能意义和消费价值，使其更有效地为商品赢得市场。

《墨迹》文房四宝系列包装

作者：陈晓梦
指导老师：过宏雷

　　凝固墨水在笔洗中晕开的瞬间，取名"墨迹"，用水波及动人的墨迹作为视觉元素，采用现代感强的金属——银和玻璃材质的结合是这组包装最大的特点，传统语言与现代质感的结合，既时尚大方又透出婉约的传统气息，吸引年轻笔墨爱好者购买。包装系统包括笔墨纸砚四样，另附笔架和卷纸亚克力棒。

《一草一沐》天然手工茶皂系列包装

作者：任和
指导老师：过宏雷

　　《一草一沐》手工茶皂产品包括传统方形皂块以及便于携带和使用的叶形皂片。强调天然、滋润、温和、环保的产品特质。

　　本包装设计方案主要采用轻型、透明材质，试图贴合手工皂清透清新的特点。包装结构简单，避免复杂的生产和开启工序。清新自然，不脱离香皂产品本身，尽量避免过度包装。皂块的包装采用半透明塑料材质，通过简单的糖纸样捆扎，省去不必要的胶水。皂片包装外部同样使用半透明塑料材质，内部硬纸板图案模仿承载新鲜茶叶的竹簸箕纹样，其盛放的茶叶形皂片仿佛是刚刚采下来的茶叶，渗透出新鲜的味道。

　　包装插画以不同女性与叶片和水互动时的美妙感受入手，取代传统的具象的茶叶图案对包装进行装饰，表现手法采用水墨晕染的效果，让人仿佛置身于水汽氤氲的植物世界，旨在向消费者传递舒适、滋润、温和、清新等感性因素。

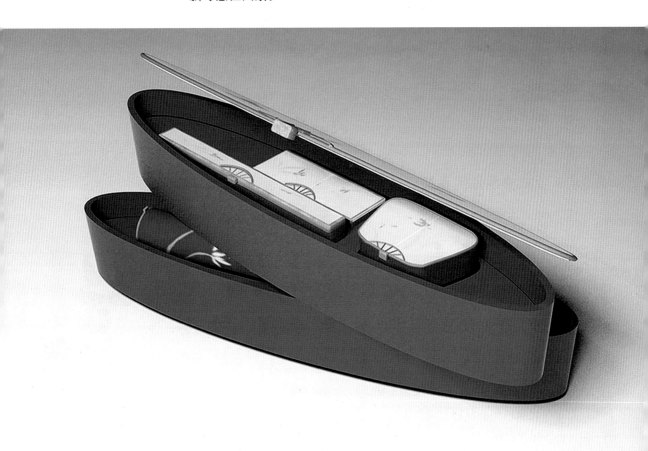

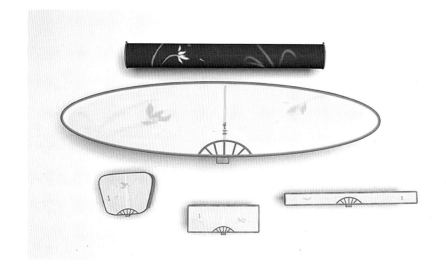

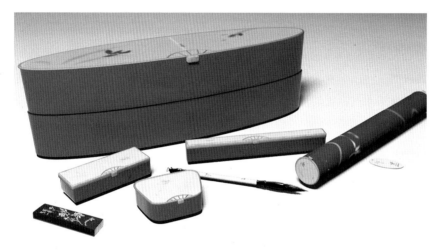

《兰心》女式文房四宝系列包装

作者：任和

指导老师：过宏雷

　　兰花是中国传统文化中备受推崇的"四君子"之一。

　　"蕙质兰心"更是对女性气质与品德的最高赞美。本包装设计的初衷是为气质高雅的女墨客设计一套文房四宝礼品套装。

　　包装设计的外形来源于中国古代女子的随身用品——团扇。各包装盖的材质同样模仿团扇的材质，即采用了绢面与木质的搭配。包装盒身则使用宝蓝色亚光磨砂树脂材料，简单大方，也打破了文房四宝及其包装沉溺于黑、白、木色的沉闷局面。

　　盒盖绢面通过意向水墨兰花图形进行装饰，点到为止。

《万圣节》儿童巧克力系列包装

作者：李博文

指导老师：过宏雷

　　这款巧克力希望通过将代表"万圣节"的南瓜形象运用于包装设计中，来向受众传达出万圣节搞怪欢乐的节日氛围。包装外部采用橙色厚塑料材质，内部则为透明塑料，因此镂空的眼睛和嘴巴既可看到内部产品信息，又保持了巧克力的干净卫生。包装内的巧克力分为黑巧克力和白巧克力，同样被设计为一颗颗南瓜的形象，且颗颗表情各异。这也为消费者在使用时增添了惊喜感和趣味性。

　　此款巧克力主要受众群体为小朋友，而这款南瓜包装具有观赏性和可玩性，本身就是一件精美的玩具，对儿童具有一定吸引力。

《齐天大圣》包装

作者：陈是

指导老师：过宏雷

　　希望通过烫金工艺，创造一个独特的标志性包装，在视觉上与同行商品区分开，凸显品牌独特的审美以及商品精工细作的品质。

　　包装不仅是物理结构的存在，还是人幻想的开始，"齐天大圣"是深入人心的形象，单单四个字已经成为一种视觉语言，引人无限联想，有天神祥云，是一个奇幻的世界，因此在材质表现上我选用压印打孔的方式，制造一种玄幻的视觉特效，特别是在日常灯光下就能产生特殊呈现效果。

《四友赞》文房四宝系列包装

作者：陈是
指导老师：过宏雷

外形的设计灵感来自中国传统漆器——提匣，提匣是明清时代常见的一类漆器，细分且不止一种，均是源自宋代的所谓"游山器"。茶酒具、餐具、文具、娱乐之具等分层放置，然后叠起来合成一器，配上兼有承托与提携功能的捉手。

材料选用硬纸板，是一种比较环保的包装，并且生产方便；运用烫金工艺，突出与产品适配的包装，形成独特的视觉符号。

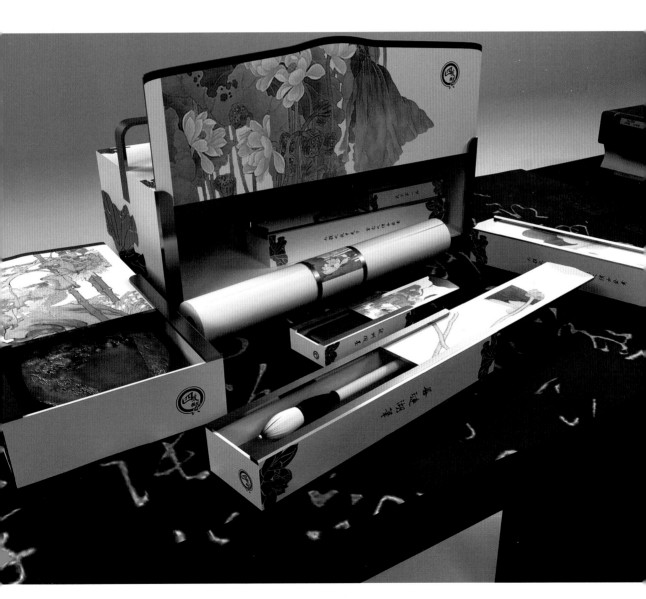

《蜜克丝》色彩巧克力系列包装

作者：杜蔡雨辰

指导老师：过宏雷

　　该系列巧克力命名为"蜜克丝"，取自英文单词"Mix"的谐音，有融合、调和之意。三款巧克力包装的设计灵感均来源于绘画工具——颜料盒、颜料管、蜡笔，众所周知，色彩在工具的帮助下进行协调融合方能创造出美妙的艺术，这与品牌名称的立意相符。另外，巧克力设定口味为综合水果味，因此，巧克力外观上缤纷的色彩也令人不禁与鲜艳多汁的水果联想在一起。

《小窗幽记》文房四宝系列包装

作者：杜蔡雨辰
指导老师：过宏雷

    该系列文房四宝礼盒，与明代儒家通俗读物《小窗幽记》同名，两者都含蓄地体现了文人情怀。外包装的设计灵感来源于苏州狮子林里的"四雅"花窗，即琴、棋、书、画四漏窗。采用洁净的黑白两色作为包装的主要色调，自然而有韵致，像行云流水一样平易自然、悠远深厚、独臻妙境。让人联想到文人简朴的书斋，远观似觉平淡无奇，置身其中便觉别有天地。情景相融，处处表现得隐秀幽美。

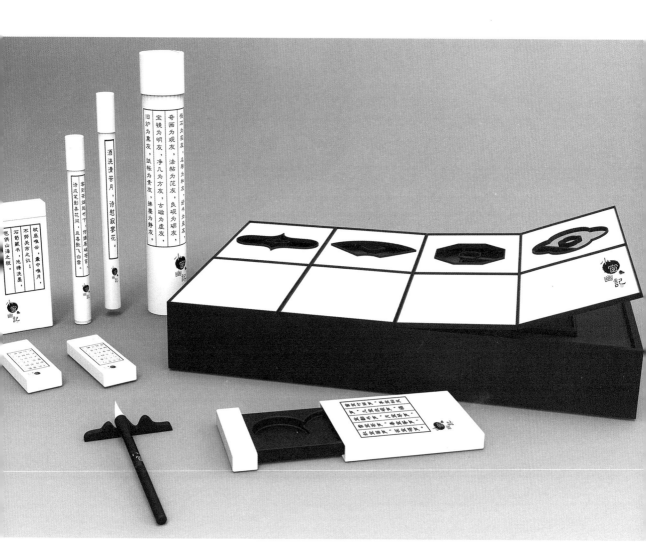

Shaolin Flaky Pastry

《梵果》少林素饼系列包装

作者：段戈涵

指导老师：过宏雷

  少林素饼来源于少林寺祖传膳食秘方。素食真正的发展也是从佛教传入中国后开始的，寺庙与素食一直有着千丝万缕的联系。少林寺素饼不仅是简单的佛门素食，其中蕴含的文化底蕴相当丰厚，普通老百姓也可以品尝神圣健康自然的佛门素食。因此，它需要有一种健康、能体现出它的特色而且又亲民的包装。

  产品主打自然、健康、素食，所以包装的风格上也要体现绿色简约，结合佛门素食的特点，包装选用了包袱布装的形式，既简易环保，又能体现禅宗特点。产品冠名少林，在包袱布的纹样上充分体现少林风。主要有两款包装，少林核桃酥的包装纹样主要以少林功夫为设计元素，色调黑白，构成简洁。少林花生酥的包装纹样提取嵩山少林寺百年罗汉树——银杏树的叶子为设计元素，风格清新淡雅。包袱打结处挂有一串佛珠，体现佛门素食的特点，吸引崇尚佛教或是喜爱素食的消费者。

《花笺记》文房四宝系列包装

作者：段戈涵

指导老师：过宏雷

　　由传统宣纸中的花笺纸启发而来，古代花笺多为女子题诗传信所用，文人雅士也会用花笺作为信纸。花笺主要原料为花草植物，以此为元素展开品牌构想。以花笺的风格来设计一套文房四宝，以此形成区别于传统文房四宝的独特风格。整套包装包括信纸、信封若干、信签、毛笔、砚台、墨水。包装中主要以花草为元素，都是手绘国画中工笔画的表现手法，给人精致、淡雅、婉约之感，突出了女性文人高雅、秀丽的特点，为的是吸引喜爱古典文房四宝的女性消费者。

《GIRLS》巧克力系列包装

作者：冯富梅
指导老师：过宏雷

　　《GIRLS》巧克力系列包装是针对不同类型女孩口味细腻的巧克力包装，主要消费人群为 16～24 岁的年轻女性。

　　其中牛奶巧克力，是针对 sweet girls 口味的。为了更好地体现它的牛奶般醇香的感觉，就直接装在牛奶瓶里，封口再用纸扎起来，体现至纯至朴的特质。还有针对文艺 girls 的白巧克力，抓住文艺女生喜欢拍照的特点，把其方形包装盒的正面做成拍立得相机的图形，吸引顾客的眼球，而盒子里的巧克力则像刚拍好的相片。打开方式是在顶面沿虚线撕开拉条。

　　黑巧克力是针对 cool girls 的，这款设计的是便携式包装，运用了黑白插画来表现巧克力的纯粹。

《一丘一壑》文房四宝系列包装

作者：冯富梅
指导老师：过宏雷

　　《一丘一壑》品牌主要以山水为切入点，用山水的风雅之情来体现笔墨纸砚同等的风雅。

　　在图形语言上，把山水用流畅的曲线与类似于干墨画的风格呈现出来，在每个包装上都画有各个包装所盛放的产品，既强调了产品属性，又独具趣味。包装盒里的内衬盒运用的都是纯黑色，与外包装的白形成对比，使整个包装达到和谐统一。

　　方盒子装的是砚台与墨条，因为产品比较重，所以产品会嵌入到内衬盒里去，内衬盒起到固定作用。毛笔的包装也是如此。毛笔和宣纸的长条形盒子是抽拉式的打开方式。

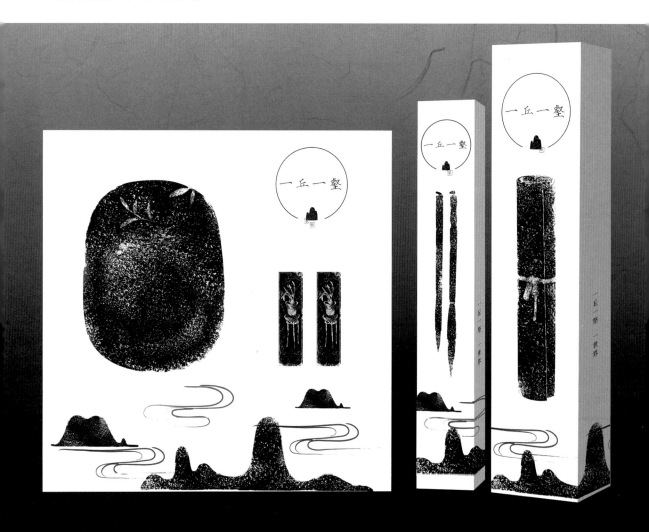

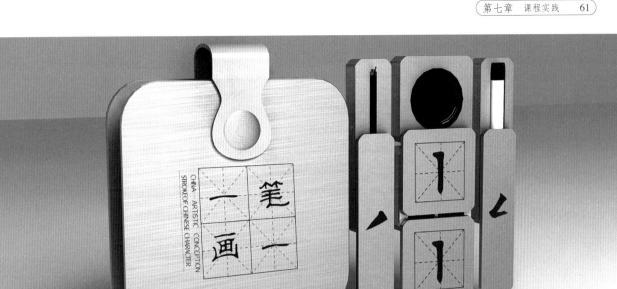

《一笔一画》文房四宝系列包装

作者：黄丽云
指导老师：过宏雷

  本产品的产品定位是现代与传统结合的高档笔墨纸砚学习用品。目标人群是对中国文字有兴趣的外国人士。将写毛笔字最初用的米字格和笔、墨、纸、砚四个字的第一个笔画作为包装元素，教外国人士从简单的笔画中开始学习中国文字。包装材料主要为拉丝铁盒，盒盖连接处四角隐藏磁铁装置，接近时可完美贴合。每个盒子附有米字格衍生出来的绳子加固。

《上茶》茶系列包装

作者：黄丽云

指导老师：过宏雷

　　上茶，上最好的茶，上最鲜的茶。目标人群为热爱饮茶、追求生活品质的人。产品包装清新雅致，彰显品质。用茶叶肌理的元素进行外包装设计，体现出高品质、个性的品牌形象。

《submarine 潜水艇》水产系列包装

作者：朝欣乐
指导老师：过宏雷

　　Submarine 被定位为最具时尚活力的水产品品牌，依托青岛海洋文化，借助国际海洋节等活动打开销售渠道。其产品包装采用七款夺目配色以突出时尚感。造型可爱的 Q 版潜水艇防水，也可以当玩具，寓教于乐。配以呆萌的插画，更加吸引儿童、青少年消费群体。

　　利用物理原理，生产出的容器本身重力等于浮力，当容器内的产品未吃完时，重力大于浮力，容器沉入水底；吃完了里面的东西，容器重力等于浮力，容器在水中某个点静止不动，像潜水艇一样。

《子非鱼》东江鱼熟食系列包装

作者：李晶

指导老师：过宏雷

　　子非鱼，焉知鱼之味？东江鱼是湖南郴州四大特产之一。以湖南鱼米之乡为背景，以水乡捕鱼风情出发来设计，打造具有湖南水乡特色的鱼产品旅游包装。清晨捕鱼时，东江水上一片水雾，以此为情景创作早时捕鱼的插图，包装整体采用捕鱼时的蓑衣颜色为基本色，以水纹作底衬，作为整个包装的大体视觉元素。

　　该系列四个包装：1. 条状盒形包装。中档次包装，拟鱼形态进行设计；2. 无纺布手提包装。高档包装，袋口模拟鱼嘴形态，穿上绳子手提，适合作为旅游纪念品一次购买一整袋，无纺布材质可包装后重复利用；3. 罐装包装。中低档包装，适合作为日常调味拌饭时使用，玻璃罐头用后可洗净再利用；4. 散装包装。低档次散装称重包装。

《有品》文房四宝系列包装

作者：李晶

指导老师：过宏雷

礼盒系列包装：外包装采用纸盒包装，材料简单环保。

纸盒外表包装部分分为两层：第一层是灰色带纤维纸，第二层是纯白颜色，模拟出一种浮雕质感，体现一种文房的庄严气息。礼盒内部采用全部黑色，着重突出产品的视觉形象，使产品一目了然：笔、墨、纸、砚四种产品。

笔墨砚台形象均采用金属材质，上面贴合纯白山水画标签，既展现现代气息又与古意文化相结合。纸的包装外部采用纸筒形式，纸的内部用纸筒将纸以擀面的形式滚起。

墨水大众包装：外层用纸包装，内部的墨水瓶采用磨砂玻璃材质。

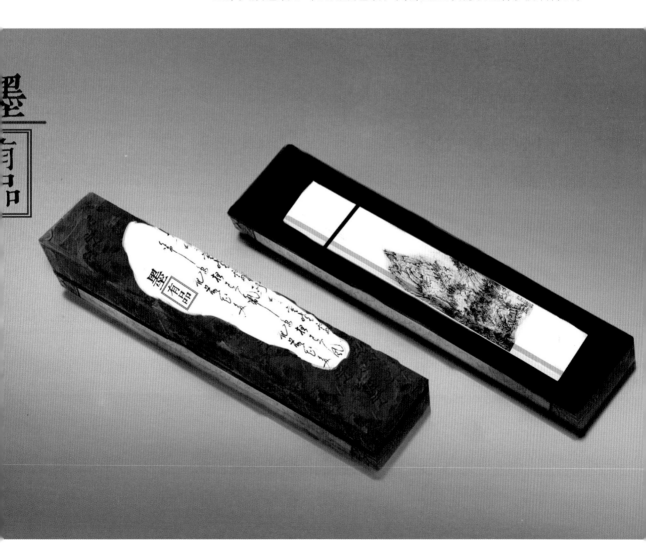

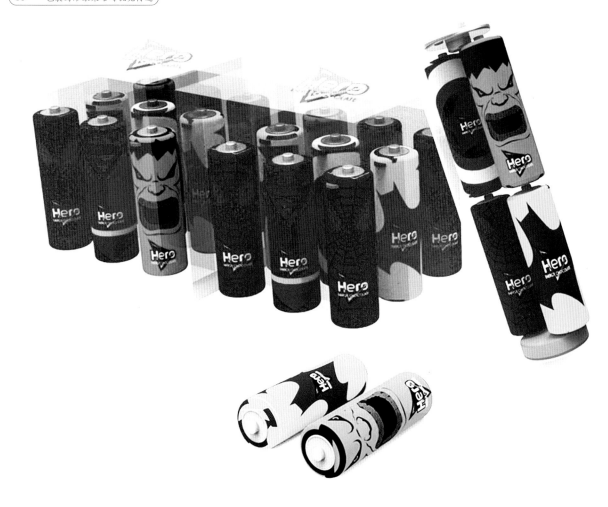

《HERO》能量巧克力系列包装

作者：宋晓薇
指导老师：过宏雷

　　根据巧克力补充能量的产品属性，制作了一款电池造型的英雄联盟巧克力。巧克力能够让人补充能量、心情愉悦，就如同电池帮你充满电量，满电复活。包装内部巧克力模拟小电池形态，小巧的电池形态巧克力，可做随身包装，给你乏味的生活增添一丝情趣，常伴左右。正能量的传递让产品形象变得更加的正面积极，人们购买时的心态也能更加轻松愉悦，传递快乐与健康。

　　包装视觉表现以"英雄主义"为主题，产品名为 HERO，选取蜘蛛侠、超人、绿巨人等标志性符号，勾起消费者童年回忆，更能满足一些对英雄电影情节狂热的消费者的心理需求。鲜亮夺目的色彩、简洁明了的几何图案也能帮助产品在巧克力市场中占有一席之地。单个易携包装、四只组合包装、九只大容量包装分别投放市场，巩固产品系列形象，加强包装宣传效果。

《遇见》绿茶巧克力系列包装

作者：刘盈之

指导老师：过宏雷

　　两种食物，两种风格，两种文化的冲击带来美味的相遇，将巧克力做成五种茶壶造型，体现绿茶的口味元素。整个包装分为盒装与单个装两种类型。整体盒装采用西湖断桥的造型，里面分为十颗格子装与五颗拱形展示装，寓意着西子湖畔美丽的爱情，并为产品镀上一层浪漫的期待感，人人都能与它搭起情感的桥梁。

　　单个小盒装为简洁小巧的镂空包装，盛载甜蜜心意，如同苏州园林的窗格般给人一种神秘而诱人的气息。整体外包装呈白、棕两色内附银色材质，简约大方的效果用于表现产品本身具有的含蓄隐喻美，并将巧克力本身奔放浓郁的西方美融入中国茶文化所代表的古典东方禅意。清新爽口的绿茶巧妙化解了巧克力的腻感，这样的鸳鸯组合能在口感和视觉上为消费者带来前所未有的愉悦感受。

《LUNA》巧克力系列包装

作者：宋晓薇

指导老师：过宏雷

　　试图通过包装设计既聪慧又浪漫的情人的感觉的巧克力品牌，于是选用 LUNA 这个名字，意思是月亮，象征浪漫与智慧。

　　设计者把巧克力元素与月亮相结合，在图形上进行尝试。最终形成的 logo 突出复古的配色方案，强调多馅料的巧克力和手工制造，试图体现优雅的生活方式。在字体上最终确定了用线来表现巧克力的丝滑感，并针对不同情况做了色彩的不同尝试。视觉方案选用了品牌消费主体——有一定消费能力的年轻女性作为原型，用曲线绘出不同的发式，间接表现巧克力的丝滑。包装一系列共有三个品种：巧克力、巧克力酱和巧克力豆。

《徽》文房四宝系列包装

作者：王文婧

指导老师：过宏雷

　　"徽文化"是中国汉族三大地域文化之一，其中，文房四宝更是徽派文化的重要内容。因此，品牌定名为"徽"，对文房四宝进行了包装设计，作为当地的礼品装。为了使其更具有强烈的地域特色和高识别性，以徽派建筑的形态作为切入点，提取元素并将其运用到 logo 和包装设计中，更加统一化和整体化。笔、墨、纸、砚的包装是由四个厚度相同、形态不同的抽拉式木盒构成的。其中，木盒形态，色彩及表面肌理均在用设计语言表达徽派建筑的特点，使其蕴含浓厚的当地特色。在版面设计上较为简约，并添加了少许几何形，模拟窗户，更增加了版面的活泼感。

《嘿，小松露！》儿童巧克力系列包装

作者：周文轩

指导老师：过宏雷

　　《嘿，小松露！》——儿童系列巧克力包装为铁盒巧克力，三只不同形象的鸡代表三种不同的口味。主要创新点在于抓住了松露巧克力外表毛绒绒的感觉，将它与小鸡的形象联系到一起。

　　主要销售对象为儿童和青少年，将"小松露"拟人化为一个三只鸡组成的巧克力师傅团队，成员分别是小可、阿松、露露，并分别赋予它们独立的形象与个性。针对青少年的一点是：在铁盒的背面可以扫描二维码加微信或关注微博等与设定好的小可、阿松、露露这三个聊天机器人进行互动，可以与机器人实现自然语言的交互，进行有趣的对话、聊天，并提供产品的优惠信息与定购捷径，以让铁盒说话的形式下达到促销的目的。

《ENJOY》巧克力系列包装

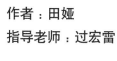

作者：田娅
指导老师：过宏雷

　　我设计的巧克力品牌叫 ENJOY，中文名乐享。这款巧克力包装主要是针对年轻人而设计的，重在体现当下年轻人个性、阳光、有活力和乐于分享。包装采用插画的形式呈现，颜色鲜艳，插画中的人物形象也是个性鲜明的，能在年轻的消费群里找到共鸣。产品也主要以巧克力块、巧克力豆为主都是属于便捷的包装方式。

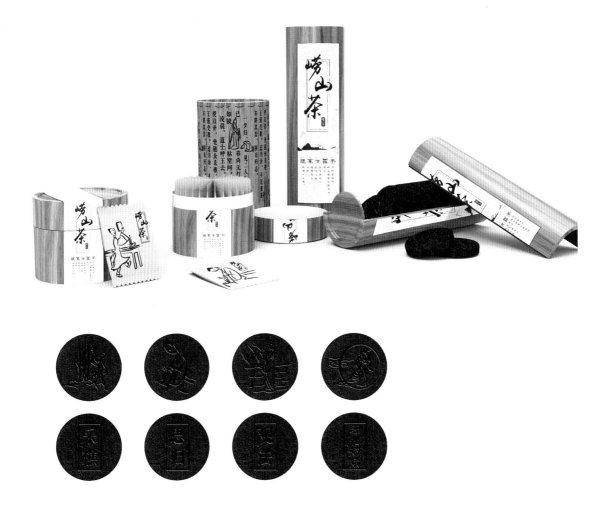

《崂山》道家甘露茶系列包装

作者：王文婧

指导老师：过宏雷

　　此崂山道家甘露茶系列包装，是以《崂山道士》的故事为切入点，用系列插画的方式将整个故事表现出来，最终揭示出"精心生活，珍惜当下"的道理。

　　此系列包装里，长筒中装有一个个茶饼，上面凹刻着一幅幅插画，背面是对应的文字解释，当冲泡完一块块茶饼，也就读完了整个故事，从而领悟其中的深刻哲理与道家思想。散装茶装在短竹筒中，其外观模拟竹筒的形式，上刻有《崂山道士》的故事。小袋装茶表面上也印有不同的插画。整体包装古朴、自然，还原崂山道教最本质的样貌。在材料运用上，为了统一化和批量化，并降低成本，没有直接用竹子，而是在圆筒形包装的外面附上竹子的纹理。

《潇湘》文房四宝系列包装

作者：刘盼盼

指导老师：过宏雷

　　"潇湘竹"又名"湘妃竹"，唐代诗人刘禹锡在《潇湘神》中写道："斑竹枝，斑竹枝，泪痕点点寄相思。楚客欲听瑶琴怨，潇湘深夜月明时。"由此可见，人们对于潇湘竹的喜爱从古至今不曾改变，潇湘竹也常被世人用来寄托相思之情。

　　潇湘竹的竹斑是天然而生，这种自然生成的纹样是我的设计来源，在外包装上以水墨的形式勾勒出竹斑，简约雅致，内部包装均使用潇湘竹天然形成的竹斑，内外呼应，达到统一。

　　整套系列共有三套，其中纸和笔各为一套，砚与墨并为一套，可便于人们单独购买，笔架的造型直接模拟竹节的形态，纸卷也是借以竹节空心的特点，简洁实用。

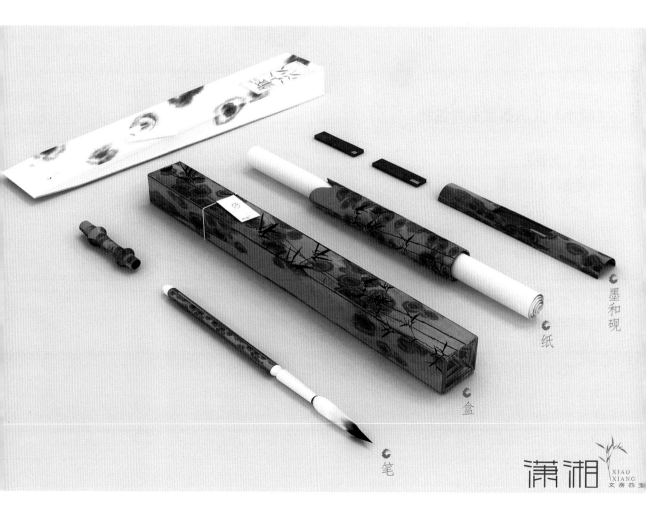

墨和砚

纸

盒

笔

潇湘 XIAO XIANG 文房四宝

《断水》文房四宝系列包装

作者：刘盈之
指导老师：过宏雷

　　设计作品以"抽刀断水水更流"的人文理念作为出发点，喻纸为水，以意比物，创造传统书法的新风格，设计出简洁利落的抽拉式文房四宝包装收纳盒。将写书法所需使用的用具皆收纳在长约 30 厘米、宽 10 厘米、高 10 厘米的木盒里，使产品更富质感。同时，解决书法用具零散、不易携带的问题，便于初学者外出学习。简化书法学习过程中的繁复，让写书法成为人们生活调剂选项之一。

　　收纳盒共分为两层，第一层放置砚台、墨条、笔山及小刷，第二层放置毛笔与宣纸卷轴。其中最特别的是在盒子的第二层侧面留出一道铺有一层薄质金属的槽口。利用保鲜膜的抽拉概念收纳宣纸，拉扯前使用内置小刷沾上水轻刷侧面金属条，沾湿接触面却隔绝木质，预防霉变，生宣遇到水后软化极易扯断，以改善传统书写纸张的凌乱、不易整理。此外，卷轴的设计也能让宣纸随意抽拉回卷，使收纳更加方便。

《水墨颂》文房四宝系列包装

作者：张之行
指导老师：过宏雷

　　这组包装采用具有中国传统意味的麻布，内包装采用白色纸制作，突出笔、墨、纸、砚质朴的神韵和传统的质地，体现笔、墨、纸、砚的人文气息、历史气息，品牌"水墨颂"的设计体现笔、墨、纸、砚的书写使用仿佛是在赞颂湖笔、徽墨、宣纸、端砚一般。而在文房四宝的包装上，形象均采用了湖州、徽州、宣州、肇庆的人文景观，是对产地的陈述和对文房四宝文化内涵的挖掘。

《云起》文房四宝系列包装

作者：朝欣乐

指导老师：过宏雷

行到水穷处，坐看云起时。——王维《终南别业》

"行至水穷，若已到尽头，而又看云起，见妙境之无穷。"这说的是人生的一种境界：虽然身处绝境，却不能困住人的心灵，还可以自在愉快地欣赏风景。

以云元素为主线，赋予包装及产品一种精神——逆境中仍期待希望；一种气质——沉淀、静默、豁达。产品风格简约，造型借用伏羲式古琴，古典与现代感相结合。作为高档礼品，材质选用德化瓷，不批量生产，多数为定制。整体包装、墨与印章等产品也有云纹作为品牌特点。

《叹旧饼》广州鸡仔饼系列包装

作者：吴海晴

指导老师：过宏雷

　　"鸡仔饼"是广东四大名饼之一。它因长相不同于普通的圆形饼，酷似雏鸡造型因而得名"鸡仔饼"。儿时很多人家中的橱柜里总会存储一两罐鸡仔饼，因此对广州人来说鸡仔饼不仅是一种特产，更是一代人童年的回忆。

　　品牌名称为"叹旧饼"，用广东话来讲，"叹"为享受的意思，"旧"是一块的意思，所以整个品牌名称用广州话读来，是希望你"享受一块饼"。因为鸡仔饼是一种很童年情怀的食品，因此我在包装上的设计方式选择了插画的形式，插画内容绘制的是广州西关童谣里的故事场景和一些经典的西关事物，用比较复古童趣的手法将这些童谣表现出来，希望唤起人们对童年的回忆，一起来品尝鸡仔饼这种传统而有趣的童年美味。

《食中青》荞面饸饹系列包装

作者：杨琳

指导老师：过宏雷

　　荞面饸饹是北方面食三绝之一，与兰州拉面、山西刀削面齐名，是关中特产。饸饹主料除荞麦面粉外，还有青石水。制青石水是荞麦饸饹能够筋韧的重要原因，据说加入青石水，饸饹由此就筋韧耐嚼了。"食中青"之名由此而来。包装分三部分：一是面的内包装，二是由瓦楞纸制作的可伸缩的外包装，三是布袋包装，其整体皆选用环保材料。尤其考虑到其地域深厚的文化底蕴和质朴的特色，整体色调偏于质朴。

《远山》文房四宝系列包装

作者：杨琳
指导老师：过宏雷

　　自古以来，中国书画家们写诗作画都离不开笔、墨、纸、砚，它们是中国独有的文书工具即文房四宝，也是中国传统文化的代表性符号之一。《远山》笔、墨、纸、砚系列包装，是以中国山水的"山"为主要元素，水墨为整体风格，融合传统与现代的元素，给予人们一种真正"远山"的宁静感。

　　"远山"包装的最大特点，是套装盒子从外表看是以亚克力板为原材料、富有现代风格的精致盒子，而俯看是以笔、墨、纸、砚摆放构成的抽象山水画，十分有韵味。整体以灰色为主，有着浓重的水墨风格。最后以条纹麻布包裹盒子，除了能起到保护盒子的作用，更能以传统包装的形式体现此系列包装的民族特色。

《MR．CUPID》巧克力系列包装

作者：袁宏强
指导老师：过宏雷

　　之所以用 MR．CUPID 作为品牌的名字，是因为 CUPID 是古希腊神话传说中的爱神的名字，他掌管人世间的爱情，而巧克力给人的感觉是浪漫、温馨的，所以采用 MR．CUPID 来命名此品牌，借以表达它是浪漫情怀的象征。

　　面对青年恋人，通过这样一个神话人物作为媒介来给恋人之间创造一个共鸣空间，以此来表达彼此的爱意。在设计过程中以一些炫酷、靓丽、有活力的元素进行包装创作。其中包括许多有趣的环节，诸如四子棋、信函等方式，使得包装既有趣味性也富有除品尝美味之余的惊喜之感。

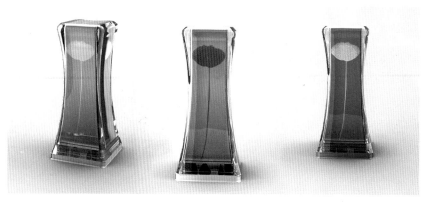

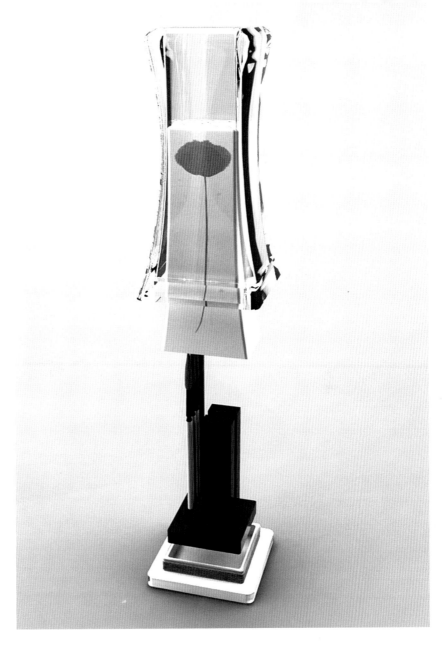

《亦格堂》文房四宝系列包装 研究生系统设计项目

指导老师：过宏雷

　　文房四宝的包装设计向来多以锦盒为主要手法，沿袭传统的包装方式和装饰样式，然而在众多的书法爱好者之中，除了广大的中老年人，也不乏一部分从小习字练画的年轻人，他们爱动画、爱时尚、爱电脑，也爱毛笔。此款笔、墨、纸、砚的包装设计，以年轻女性为目标客户，亚克力和喷涂金属等现代材料，简洁模仿毛笔晕染的花朵图案，借鉴了日式香水的部分元素，清新淡雅，同时活泼不失现代感。同时秉承绿色设计原则，将笔、墨、砚三者整合成一体，包装的每一部分都可以在其完成包装、运输职能后充当生活用品继续使用，无须丢弃。

文房四宝系列包装　系统包装研究生课题

指导老师：过宏雷

　　本系列设计主要针对现代书法爱好者，定位为中高端产品。设计风格秉承传统与现代相结合的理念，包装外层以仿大理石材质制作，色调干净淡雅。内用高透明仿玻璃材质，晶莹剔透，两者结合，给人高贵典雅、娴静舒适之感，同时简洁的外形和独特的材质组合，也使其充满了现代感。内装笔、墨、砚等传统产品，使得现代与传统既对比又和谐。

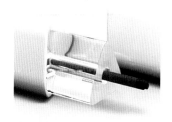

《风雅轩》文房四宝系列包装

作者：冯燕
指导老师：崔华春

　　这套文房用具的设计我选用了"夏至"这个主题，主要的设计元素是江南的园林窗。旨在透过园林窗看庭院中夏至的美景"红莲""绿荷""山水""游鱼"。恰巧这个主题与文房的气质很相符，这套系列设计总体是走清新雅致路线。包装主要采用红木的外壳与硬质纸压膜成的内胆进行套叠，简单且环保。笔的包装可以再利用做成笔筒，也不失风雅。红木的那部分每个都做了各种园林窗一半的镂空，让观者仿佛能透过"这扇窗"看外面的美景。

《御书坊》文房四宝系列包装

作者：纪明慧

指导老师：过宏雷

　　此包装设计采用了传统的木材为包装材料，力图从本质上与笔、墨、纸、砚的内在品格相契合；装饰上主要采用文字，正好与笔墨纸砚书写文字的功能相关，并且文字选取的是赞美笔、墨、纸、砚的古代诗词，同时文字为活字印刷的形式，字体是雕刻出来的，体现了文房四宝的高贵品质和历史传承；标志取名为"御书坊"，取"御书房"的谐音，采用印章的形式盖在包装上，同样体现了一种书法的内涵。

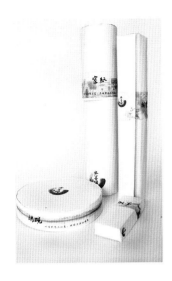

《原里坊》文房四宝系列包装　研究生系统设计项目

指导老师：过宏雷

　　《原里坊》文房四宝，旨在对文房四宝进行传统与现代相结合的设计，将文房四宝的历史气息，人文气息和现代气息相互融合，利用现代包装材料进行包装，在原有包装所具有的实用性，以及保护性上更增添了美观性和观赏性，具有收藏价值，也是馈赠亲友的良好礼品。本系列设计以柔和简朴的外表，中国画加以汉字设计的变形，表达了回归自然的美好情感，符合传统的审美观。红色是中国的吉祥颜色，本设计所呈现出来的色彩沉静不浮躁，符合现代人的审美。传统气质与现代气息共生的情感，成功构建了与包装相适应的视觉代码，展现了独特的包装艺术特色和商业效能。

文房四宝系列包装　研究生系统设计项目

指导老师：过宏雷

　　文房四宝的包装设计原型来源于我的麻将音响的创意，同时结合"模块化"设计理念而形成。笔、墨、砚是一个整体，同时又可以单独使用；造型简单、清雅，体现了文人的那种桀骜、清廉的气质；材质运用琉璃和金属，既有金属的时代感又有琉璃的高雅、清透之感。造型独特，气质非凡，不仅可以作为使用之物，同时也可以放在书桌案头作为欣赏、把玩之物。

《大爆炸》巧克力系列包装

作者：温培

指导老师：崔华春

  生活中我们总是扮演不同角色。在我们感到压力大、烦闷的时候，不妨自我"爆炸"一下，"大爆炸"也是放松、自我解脱的意思。而这款巧克力的意义在于让你烦闷后从味蕾上体会"大爆炸"的兴奋感，让你重新充满活力！

  角色扮演：从前，有只青蛙叫哈鲁达。有一天，他吃了一颗巧克力豆，然后，就爆炸了……他变成了不一样的身份。"What a Big-bang!"这是他对生活的感悟。三个角色分别是西部牛仔、泰山和DJ。当然，我们在生活中扮演的角色远远不止这三个，只是希望您在享用大爆炸巧克力时能暂时抛开生活中的烦恼，成为你心目中想扮演的角色！

《漂流瓶》情感巧克力系列包装

作者：徐谢莉

指导老师：崔华春

　　本款巧克力是以漂流瓶为主题，漂流瓶传递情感，漂流瓶可以带给人期待，正如爱维巧克力想给人们带来的感觉——送给你的惊喜。每揭开一个包装，都会有一张小小的纸条，里面写着一句甜蜜的爱语，通过漂流瓶这个容器，无论多么遥远的距离它都能到达那个需要到达的地方。这是可以送出自己心意的巧克力，它会带着你自己的情感，通过这个小小的礼物传递给你心爱的人。

　　爱维巧克力分为三个系列，60 克简装、100 克可爱套装，以及 140 克优雅精装。玫瑰、海盐、抹茶三种全新口味，天然代可可脂成分为你带来不同的味觉感受。

《口福》巧克力系列包装设计

作者：许钰洁

指导老师：崔华春

　　这次的巧克力包装设计我将品牌起名为口福巧克力，口福两字简洁朗朗上口，并且听着也让人觉得很有食欲，想让消费者们觉得这个品牌的巧克力很亲切并且很福气。一共有两种的包装结构，以巧克力的种类区分：方形铁盒为夹心榛果类的混合巧克力口味，圆形铁盒为牛奶巧克力豆。

　　这一组巧克力系列包装是以巧克力本身的味觉为灵感而做出来的一套将视觉与味觉相贴切的包装。巧克力的味道很香醇浓郁，并且在舌尖上渐渐融化的满足感很让人享受，在旁边的这张图里，4 个方形铁盒上的图案就是以慢慢融化的芬芳浓郁为元素来表达出来那种美妙的享受的时刻，能让消费者们在见到口福巧克力的外壳时就能感受到其中巧克力的浓滑的口感，夹带着那一个个瞬间融化的享受。

《CHOCOJOKE》儿童巧克力系列包装

作者：王珮珊
指导老师：崔华春

　　《CHOCOJOKE》是一款市场定位于儿童的彩虹巧克力豆品牌。因而包装的设计选择了诙谐卡通的表达方式。根据品牌的定义设计了两个水果卡通小孩作为品牌的吉祥物形象。男童和女童的天真烂漫、张开口嘴馋的形象，生动再现了CHOCOJOKE品牌巧克力豆的美味，以及孩童爱不释手的情感。

　　这款儿童系列巧克力豆包装分为四个部分：三角形长盒装、方形长盒装、圆筒糖罐装以及透明内袋包装。包装形态的设计灵感来自CHOKOJOKE儿童巧克力品牌精神。三角形长盒装在便于携带、拿取的同时，也增加了趣味性。长盒装则便于超市柜台的展示以及物流装运。圆筒装则可以对包装进行循坏利用，迎合绿色消费的可持续发展观。

《聿曰》文房四宝系列包装

作者：赵诗祺

指导老师：崔华春

　　本款包装取名为"聿曰"，"聿"自秦后用指毛笔，"曰"为表述表达，书法本身即是一个用文字来代替口述、让手中的毛笔诉说个人志趣的过程，而"聿""曰"两字组合也恰好是繁体"書"字，故命名。书法作为中国自古以来的书写形态，其意义并不仅仅在于文字的记录，文人墨客通过不同的书体来寄喻自我的精神追求以及文学素养，书法其实就是文人情操的体现。本款包装的设计要点在于提取书法书写中的基本组成笔画作为笔、墨、纸、砚的单个包装形，并运用流线形的色块模仿水墨晕染的形态作为主要的装饰图案，白色为设计的主色调，突出文人气息，整体的视觉感受清淡素雅，不蔓不枝。

《噼啪》巧克力系列包装

作者：何嘉琪

指导老师：崔华春

　　"噼啪"这一名字是来自包装开启的声音及这款系列巧克力想要传送给消费者的轻松快乐的心态。噼啪巧克力系列包装是为了使消费者食用巧克力时能够满载惊喜、传递快乐。因此，包装采用了诙谐的插画（以一个小朋友张开嘴的形象，牙齿以巧克力代替）增添其乐趣，配以明快的色调，快速调动消费者的情绪。

　　这一系列一共有两套包装：一套为 5 颗的简包，直接运用插画的形象，能够快速地吸引消费者眼球，且小巧便携带，平易近人；另一套为 22 颗装的，插画的面积减少，且与包装的开启方式做了一个结合，增添其趣味性，能与消费者互动，且使食用时更为便捷。同时加入了简洁的排版，使其在外观上档次更高，区别于简包，给人以更高的品质感受。

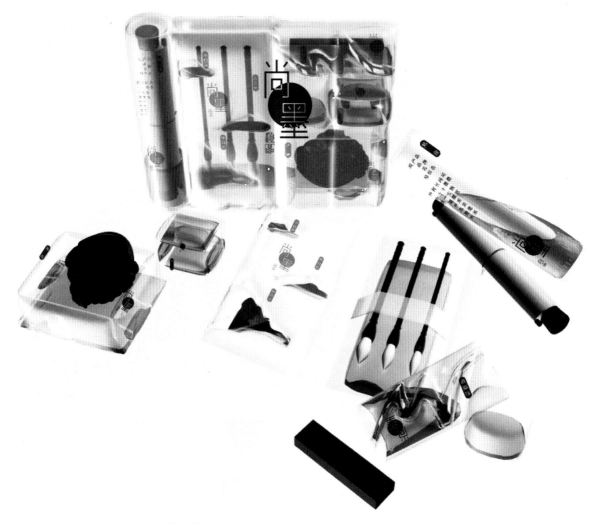

《尚墨》文房四宝系列包装

作者：何嘉琪

指导老师：崔华春

　　《尚墨》这一品牌名有"尚品之墨"的意思，又有"尚末"之意，表达有即是无，无即是有的意境。在这系列包装中我使用了磨砂透明塑料作为主要材料，在结构上把包装分解为块状的充气包，且在其中打入黑灰色透明的液体，同时，个别充气包上压出山水石等元素形态，使液体形成比较固定的形态和游走形态两种，还起到了保护产品的作用。这个系列包装整体塑造的是虚虚实实、灵动空灵的形象，营造亦有亦无的气氛。

　　简易包装同样塑造的是虚虚实实、灵动空灵的形象，运用现代的充气压膜形式作为其包装结构，简便且保护传达性强。在包装上的排版主要是根据笔、墨、纸、砚使用形态来做的，同时利用磨砂材质，配以内置外置图形，使一些在包装内，一些在包装外，形成忽有忽无的效果。

《捕梦（Drama）》巧克力系列包装

作者：魏颢
指导老师：崔华春

　　拥有三千多年历史的巧克力作为一种甜品，一直依赖拥有着众多人的追捧与爱恋，仿佛它存在的本身就具有魔幻的属性。当有可可芳香的巧克力在唇齿间融化之时，似乎如梦幻般地感受会荡漾在心间，同时，巧克力添加的内容物让你会发现另一个好玩的世界。于是，针对巧克力所带有的戏剧化的梦幻感受，我将我的巧克力命名为《捕梦》（Drama）巧克力。

　　巧克力包装趣味点在于巧克力与捕捉梦境间的联系，将世界的一些未解之谜，如尼斯湖水怪、UFO、金字塔等事件巧妙地与巧克力结合，荒诞地描述了神秘事件的背后，都是巧克力的杰作，尼斯湖的水怪只是从湖底伸出的一条巧克力棒；UFO 现身地球不过是留恋于这里独特的美味巧克力；整体包装采用整张纸折叠而成，配有少量的塑料载体，由于材质单一，便于回收与降解，既便于制作，又具有环保属性。

《上莲》湘莲系列包装设计

作者：张迈予

指导老师：崔华春

　　此系列包装为湘莲所设计，取名为《上莲》。色彩以天然绿色系为主，图案绘制的是七方莲蓬朝向图，寓意来年农耕丰收，风调雨顺。莲子包装的灵感来自于莲蓬的造型，包装采用可充气式一次成型的再生材料。尾部系以一条麻绳。莲心茶包装灵感来源于淡雅的莲花之形，茶包的上方淡淡的水墨晕开一朵莲花，动人也有禅意；5个茶包放置于一个缀满莲花的香袋中。藕粉是最朴素的包装方式——纸张和封条的结合。整个系列包装都融入了我对幼年时视为珍宝的湘莲味道的追忆和个人对于湖南乡情浓浓的表达与演绎。

《玛塔塔》儿童巧克力系列包装

作者：林楚琳

指导老师：崔华春

　　"玛塔塔"（matata）源于非洲俚语——玛塔塔哈库拉（matatahakula），意为"一切烦恼都将会没有"。这里以"玛塔塔"命名的儿童巧克力品牌，旨在为儿童带来快乐、健康的巧克力体验。

　　玛塔塔的品牌标志由英文 matata 中的三个 a 组成，而三个 a 也是三个不同表情孩子的脸蛋，采用黄、红、蓝三个明度和纯度较高的颜色来表现快乐之感，同时，三个 a 也代表产品的 A 级质量保证，增加品牌的可信感。玛塔塔的儿童巧克力系列包装主要以插画手法表现出纯粹的"快乐"，用色是在标志的"黄红蓝"三色的基础上调以互补色来完成的。分别有小包装，便利包装和礼盒包装三部分。插画主角是三个不同口味的小朋友。分别是蓝色——牛奶巧克力、黄色——果仁巧克力、红色——草莓味巧克力。而便利包装之最具代表性的包装，因如烟盒一样的抽拉包装不但操作简便，而且易于保存，并且每位小朋友的嘴巴镂空，能露出里面的巧克力，满嘴香醇、快乐满足。

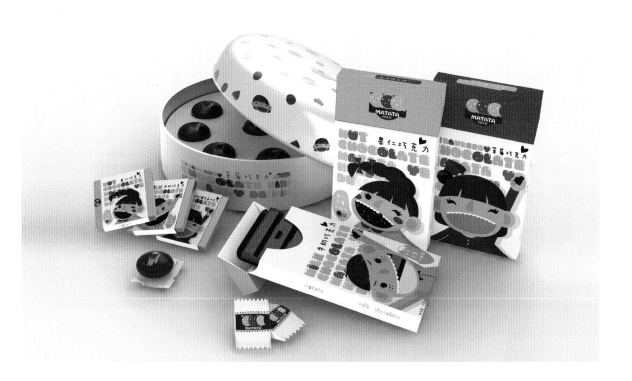

《巧克力图书馆》系列巧克力

作者：林晨晖

指导老师：崔华春

  《巧克力图书馆》（*The Chocolate Library*）系列巧克力包装灵感源自图书馆这一创意概念。将巧克力包装设计与书籍的形式结合在一起，通过不断推出各种不同主题口味的巧克力系列，逐渐形成集口味缤纷与主题多样化的巧克力图书馆的概念形式。

  在巧克力包装具体内容的设计上，品牌通过与时下关注度较高的绘本作家进行联名合作，通过绘本作家对巧克力图书馆品牌概念的理解，同时结合已出版热门绘本的内容进行巧克力主题的改编，将巧克力元素巧妙地融合十绘本故事中。在巧克力包装的结构设计上同样也根据个同的绘本内容设计别样的开盖方式和新奇的巧克力展现形式。让消费者在欣赏精美绘本的同时与绘本故事产生互动，品尝到契合故事主题的美味巧克力。

巧克力圖書館
THE CHOCOLATE LIBRARY

《鹊桥仙》七夕节主题餐厅设计

作者：高梦云

指导老师：魏洁　崔华春　姜靓

　　"七夕"民俗文化含有历史、文化、社会多面价值。通过做一个七夕节主题餐厅的设计来让人更加熟悉和了解七夕节传统习俗的原因是因为现代人对于传统七夕节有很大的误区。许多商家和民众称七夕节为"中国情人节"，但由于"情人"一词可能产生的歧义，以及七夕传统习俗中并没有情侣约会的内容，所以应称为"爱情节"。七夕节被商家作为商业促销的一大良机，而传统习俗呈现失落。

　　所以我认为中国七夕节缺少许多现代元素符号，应该用有趣、生动的形象或体验来引起人们对七夕节传统习俗的兴趣。将七夕节的习俗转化到可行性的体验中来，在其体验过程中让人们感觉到这个节日真正存在的意义，并且能够很好地进行七夕节习俗的推广作用，让人们更加了解中国的传统七夕节。

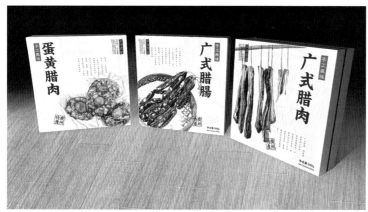

《和味》西关广式腊味系列包装

作者：薛楚颖

指导老师：崔华春

　　"秋风起，食腊味。"每年秋风一起的时候，便是广东人热衷于购买广式腊味做各式饭菜的时候。许多广东人一直对广式腊味情有独钟。随着时代的发展，机器化生产规模的普及，许多广式腊味已从手工变成机制。而"和味西关"，正是以"手工制作"为卖点的广式腊味品牌。"和味"是形容十分美味的粤语，而"西关"则是老广州古色古香的地方。

　　这次的广式腊味系列包装，我主要采用纸和草绳的结合，自然材料的结合更能给消费者一种传统手工的感觉。包装上的手绘广式腊味看上去非常诱人，加上呈现地道西关风俗的生活场景的底图，别有一番广州风味。方形礼盒十分大方，意在送礼时更得体。另外结合不同食品的形状大小，设计了三个样式不一的包装，在携带时更为方便轻巧。

《Journey》巧克力杯趣味包装

作者：刘腾

指导老师：崔华春

"Journey"一词是旅行的意思，所以logo设计上运用了旅行箱和嘴的同构。调研发现，市面上琳琅满目的巧克力商品，除去少数铁盒装，食用后包装可二次使用，其余商品多少存在过度包装现象，这些包装丢弃后很难降解，对环境造成危害。我设计的系列包装，均为纸质，基础包装盒四个为一系列，盒盖是同一人物形象到四个不同国家旅行的插图，盒底展开后为大富翁或者飞行棋，每盒会配有一个纸质的骰子盒，方便游戏。还制作了两款圣诞特供装，外形上选择圣诞树和圣诞老人，仿生形态很吸引人。

《通幽》文房四宝系列包装

作者：陈梦瑶

指导老师：崔华春

　　"曲径通幽处，禅房花木深。"

　　"曲径通幽"也是中国传统园林造园中常呈现的一种意境。通过借用中国传统的园林窗形态，将其与文房四宝相结合，园林的雅致与文人墨客的文雅之气十分契合。于此进行了系列包装设计，并根据其形态、大小将之分为三个独立包装，用不同园林窗形态与之契合笔和纸装于圆形窗格内，并将其内部用花窗形态进行分割，既能固定产品又能将其当作笔筒来使用，实现了再利用的功能；墨与砚分别装于扇形窗格和八边形窗格内，并嵌于盒内。材质上使用实木与硬壳再生纸相结合，古朴而文雅，环保无污染。

《印迹》旅行邮递美味巧克力系列包装

作者：银小砾
指导老师：崔华春

　　"印迹"，意味美味时光印迹的巧克力，来自原产地的美味印迹。本产品巧克力是极具有原产地特色的风味夹心巧克力，如意大利雏菊蜜酱巧克力、瑞士冰川薄荷巧克力。外包装如同一封信件，意味从原产地寄来的一份美味回忆。广告语印于口，迹于心也体现了这一点。吃完之后可当作信封邮寄，并且内部印有产地的风光画和地图，方便游客的使用。此外还配套了如邮戳一般的颗粒盒装巧克力，每一个邮戳都有当地风格的图案。还有邮筒形式的巧克力豆包装，吃完之后可作为储蓄罐。这样的包装更具有与用户的互动性。印迹是消费者与产品背后自然的生活理念的沟通，这抹印迹是来自大自然的一封美味信件，也是心与味觉视觉的沟通。

《LAVA 熔岩酒心巧克力》研究所系列包装

作者：陈昕
指导老师：崔华春

　　LAVA 熔岩酒心巧克力研究所是一个专注于高端酒心巧克力的品牌。本包装将口感如熔岩般醇厚热烈的酒心巧克力与显微镜元素结合在一起进行设计。为巧克力选用钻石外形，暗喻产品的珍贵与精致，运用各类美酒酒心在显微镜下的美妙图案作为单粒锡纸外包图案，搭配简易的酒标设计，精美特别。

　　简包装及情人节包装均选用透明 PVC 硬塑材质作为基础外包，可以最大限度地体现产品的精致与特别，让消费者聚焦巧克力独特的外形与酒心内涵。在简洁中结合不同的元素，简包装在内里放置小型显微镜（放大镜）增加包装趣味，情人节包装则在中心放入玫瑰花形软包巧克力，增加浪漫气息，让主题一目了然。豪华组合装采用简洁白色硬质纸盒作为外包，内里采用具有一定科技感的纯色硬塑托盘组盛放巧克力。整个包装由中间开合，方便使用、展示产品、具有高档感。加入显微镜（放大）这一互动元素，在内部结构设可旋转式显微镜筒（放大镜），可观看代表 5 种口味的模拟载玻片，富有趣味性。食用完巧克力后，整个外包亦可收藏或作他用。

《艾瑞可可》女性纤体黑巧克力系列包装

作者：杨霄
指导老师：崔华春

　　研究证明，只要掌握正确的方式，适量的吃些黑巧克力就不会长胖，甚至有减肥的效果。但是，目前市场没有一款巧克力产品有针对性地给女性提示这种科学的减脂方法。所以我们通过设计一款外形包装酷似化妆品的巧克力产品，引导女性消费者科学地食用巧克力，使其在享受美味的同时获得减肥功效，并在整个过程中充满喜悦的心情和优雅的产品体验。

　　化妆品式的巧克力包装充满对女性的心理关怀，且方便其日常携带。相比起同类包装产品更能引起女性消费者的共鸣和喜爱。减肥本是一个痛苦的事情，但通过巧克力产品包装与化妆品结合，突出为了变美的共同出发点，把减肥的痛苦转化成了一种鼓舞和优雅的体验。针对不同消费者提供多样选择，从心理和功能层面上都考虑到用户的实际需要。包装的颜色从周一到周日逐渐变浅，给人一种逐渐变得轻盈的感觉，从而传达产品减脂的理念。

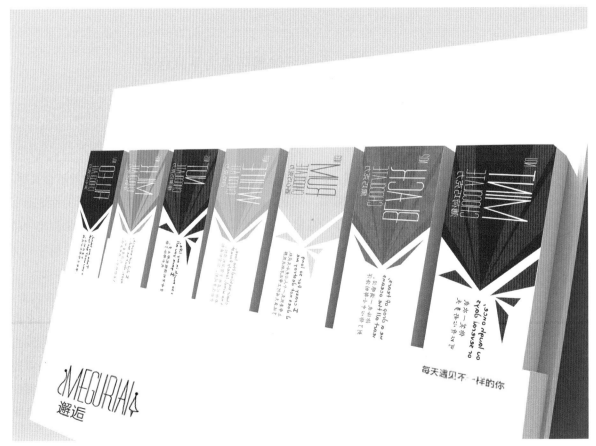

《邂逅》心情巧克力系列包装

作者：宋一方
指导老师：崔华春

"生活就像巧克力，你永远不知道会得到什么。"——阿甘正传。有很多人迷恋着一种独特的味道，就好像生活里一些东西让我们难以拒绝。也许多年后，当我们微笑地想起那些充满阳光的下午，这略有些苦涩的记忆，都凝固成不过莞尔的过往，和那份值得回味的心境。

作品希望回到那最初青色的初恋时节，每一天未知的相遇，给你留下铭心的记忆，每一天都有属于它自己的心情，不同的相遇点，不同的感受。台历与巧克力包装相结合，一方面，传达主题；另一方面，完成了包装的再利用。整体色彩轻快，明亮。

《简·明》文房四宝系列包装

作者：黎珊
指导老师：崔华春

《简·明》系列灵感源自明式家具，取其线面结合的特点，合理地将文房四件置于其中。既结构严密，又拥有展示效果。包装风格简洁明了，木纹与白瓷的结合更加文气，也更加现代。笔、墨、纸、砚一字排开会有高低起伏、抑扬顿挫之感。笔，包装型取自椅子靠背板；墨，取自床榻；纸，取自翘头案；砚，取自百宝盒。标志简、明二字因同"日"部所以做成浅墨的投影，舍去"一"更纤细，更有明式的线条感，二字用榫卯结构的横线连接构成。墨盒的上层放有一小碟，方便配套使用。

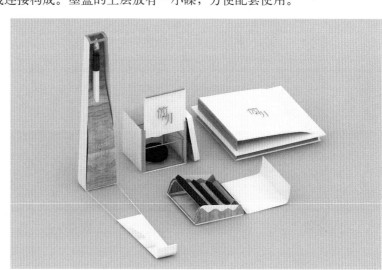

《素芳阁 FEEL》香薰品牌包装设计

作者：张艺蒙

指导老师：王安霞　过宏雷　朱华　魏洁　崔华春　廖曦　姜靓

　　活力芳香系列是综合性的香薰产品，设计组合也是综合了几种不同的花卉和植物，达成丰富的视觉效果，采用黄色是因为黄色代表活力与激情，是很醒目跳跃的颜色，且这一系列产品的保障形状多变，适合青年人的追求和丰富多变的心态。

　　包装在香薰品牌推广中的重要性及如何使芳香与旋律相结合的理念在香薰产品包装图形元素中更好地与产品融合很重要。同一品牌不同系列产品包装设计上的关联性、系统性、统一性，与旋律及芳香的主题既不同又各含义。

无锡传统小吃包装设计

作者：刘觅

指导老师：王安霞 过宏雷 朱华 魏洁 崔华春 廖曦 姜靓

　　如何才能让无锡传统的小吃得到小朋友和年轻人的喜爱？改变无锡传统美食的关键就在白相相（玩玩）。以一个"80后"的代表身份来表达我们这个时代的人对无锡传统美食的一种感觉、印象。突破无锡传统美食这个表情给人的沉闷感。元素提取——小笼馒头、三鲜馄饨、银丝面、无锡肉骨头、梅花糕、桂花糖芋头。在设计上，对每种美食进行拟人化的设计，同时结合各个节日的特点进行插图的绘制。在包装设计方面，将不同美食的人物造型融入其中。在色彩的选择上，以彩色为主，色彩浓度偏稳重，包装结构多样，不同的结构能较好地适应不同的食物承载。

《Line 盟—线》玩偶及包装设计

作者：陈桦

指导老师：王安霞　过宏雷　朱华　魏洁　崔华春　廖曦　姜靓

　　现在人们的生活节奏加快，人们的生活变得越来越枯燥无味，现在的年轻人越来越喜欢彰显个性，追求小众感。年轻人喜欢寻找不同的事物，表现自己的想法；他们讨厌任何规律性的行为，他们喜欢开玩笑，希望拥有自己的空间。Line 盟，代表一种独行特立的生活态度。最天然的毛线、棉花，用手工钩织而成，质朴而天然，每一样都是独一无二的，代表着一种个性化的新生活。

　　我想以线为载体，通过我们最熟悉的线，来编织我的设计。线的动态编织、线偶设计，通过纯手工的编织品与人们的日常生活结合，通过人们自己的 DIY 编织，让人们关注自己的生活，编织自己的生活，让生活更有趣味。Line 盟编织的不仅仅是可爱的小玩偶，更多的是我们的情感，在闲暇之余，什么都不用想，一团毛线、一个钩针，回归最纯真、最单纯的生活。

《脉绪》插画及包装设计

作者：花乾华
指导老师：过宏雷

　　《脉绪》为我作品的画脉，像树叶的叶脉组织整个树叶一样，线在我的插画中起着相同的作用，它互为依据，相互解释，相互作用，形成绘画构成的点、线、面，最终组织成具有独立生命的统一体。

　　这套插画和扑克，打破了以往插画的形式，矢量化的插画易于放大在各种大型介质上使用，同时它线条流畅，线与线之间关系紧密，有自己的组织原则，整体性强，与人的交流性、视觉感染力等都得到放大化。扑克颜色选用了黑色和金色，JQK 图案全部重新设计，风格特别而新奇，图案精致，线条流畅，是其他扑克所不能比的。同时，图案方面，很好地把传统现代化、时尚化，使人们喜欢接受，是在传统纹样运用上的一个突破。

《小楼台》品牌形象以及包装设计

作者：刘敏之
指导老师：过宏雷

　　对分形艺术和中国传统文化的兴趣，希望可以在两者之间找到共通之处。在通过对两者的不断认识，我找到了切入点，我希望可以做一些不局限于纸质的设计，因此，最终选定做丝巾品牌的设计。此品牌是针对现今社会成熟女性而设计的丝巾品牌，也可以理解为为母亲设计的丝巾品牌。

《浮生》生态果饮品牌形象以及包装设计

作者：洪雨馨

指导老师：过宏雷

　　我国市面上的饮料品牌形象普遍采用水果图片为主要元素的设计方式，缺乏新意，影响产品在消费者心中的形象。水果作为人们生活中必不可少的食用品，其丰富、独特的口味早已通过味蕾给消费者留下了深刻的潜在记忆。我将会在饮料的瓶型和产品的视觉卡通形象上下功夫，搭配中国元素，增加品牌的民族性、生命性和亲和力，通过利用水果色彩的特性、消费者心理这两方面，做出与市面上产品截然不同的水果饮品品牌，活泼可爱，让人耳目一新。

《姑苏十二娘》形象设计及周边旅游产品的包装

作者：陈成

指导老师：王安霞　过宏雷　朱华　魏洁　崔华春　廖曦　姜靓

　　由船娘、绣娘、织娘、茶娘、扇娘、灯娘、琴娘、蚕娘、花娘、歌娘、画娘、蚌娘等勤劳善良、心灵手巧的吴地妇女代表组成的"姑苏十二娘"，浓缩了两千五百年古吴文化精湛深厚的历史内涵，是一个底蕴丰富、韵味十足的常青品牌，是姑苏木渎古镇吴文化的瑰宝。

　　此系列设计突出姑苏十二娘的各行业特点，使其形象突出，并且符合现代年轻人的审美观。制作当地特色的旅游产品，提供手工和现在工业几种产品，符合不同人的需要。包装设计采用就地取材的方式，结合当地的服饰、建筑与产品合二为一，既是包装又是展示。

《忆莲幽梦》——莲手工陶瓷饰品及包装设计

作者：张欣璐
指导老师：王安霞　过宏雷　朱华　魏洁　崔华春　廖曦　姜靓

　　《忆莲幽梦》以陶瓷为主原料的手工饰品的设计和包装以及品牌的设定，结合灵山大佛风景区为其打造。目前，景区已推出琥珀、扬州漆器、琉璃、玉石等质地首饰制品，但此类产品在全国各大景区都有销售，并不能体现灵山文化特色，更不能满足游客希望从景区带走灵山"独有"产品的消费诉求。

　　灵山特色陶瓷制品是将佛教纹饰与陶瓷烧制艺术相结合，以自然、简约、质朴、精致为产品关键元素，烧制出贴近人们生活的家居用品与个性饰品。此类产品贴近人们日常生活的方方面面，适合年龄层广，市场占有量较大，贴近人们追求自然、简约、质朴的生活方式的诉求。因此，具有佛教特有纹饰的陶瓷制品的推出，不仅能扩大灵山文化影响，而且能带来相当的经济效益。

《喜娃》婚庆品牌形象及包装设计

作者：王琪

指导老师：过宏雷

整套品牌以喜娃形象为主要元素进行设计，通过对喜娃主体形象的变形和应用，产生系列感效果，并增强趣味性，打破传统婚礼用品的惯用形式和色彩，体现热闹感和喜庆感。整套婚庆用品采取更具传统意味的包装方式，采用布、红绳、编织物等传统包装方式，体现中国传统特色。整套品牌具有可延展的可能性，并且能够满足有共同情感诉求的当地新婚人士的个性化需求，能为其提供一套体现地域特色，满足追求时尚、健康、文明婚礼的需要。

《嬉·生肖》玩偶形象以及包装设计

作者：李梦洁

指导老师：王安霞　过宏雷　朱华　魏洁　崔华春　廖曦　姜靓

　　此系列包装都采用环保材料，主要以水洗牛皮纸以及防水麻布为主。手做系列的包装盒为白色缝纫盒子，正面透明橱窗的设计方便展示玩偶，品牌标志以定做印章进行印刻，印章的感觉跟盒子的纹理的结合使得整体更雅致特别，而采用缝纫的方式将完整的牛皮纸做成盒子，而不是用胶粘，使得包装盒更具柔韧性，也更牢固。由于陶瓷材质比较脆弱，因此与玩偶先接触的是布袋子，造型古朴雅致，并能很好地保护玩偶。

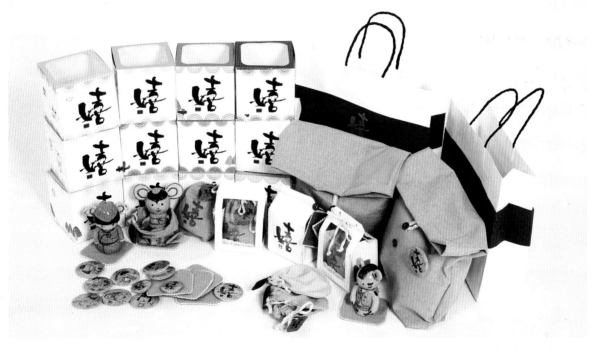

《飙源农业》绿色产品包装设计

作者：王祺

指导老师：王安霞　过宏雷　朱华　魏洁

　　《飙源农业》绿色产品包装设计在视觉传达设计基本规律的指导之下，结合情感营销、体验营销等策略，以图形、色彩、版式、肌理感觉等设计语言来塑造具有个性的"飙源农业"的包装形象。在对本课题设计之前，我充分地调查了《飙源农业》原先的包装设计以及市场上同类产品的设计，发现有许多不足，并决定将其改头换面。本课题的设计过程充分体现了设计前期市场调查和设计定位的严谨性，构思过程中特别注重调动设计的创造性思维，设计表现阶段尤其注意多角度尝试的实验性特点。

《花语茗茶》花草茶品牌包装设计

作者：于子钦

指导老师：过宏雷

　　出于对饮食健康的更多关注，萌生了对养生花草茶这一领域的兴趣，因此想将花草茶产品通过包装表现出其纯净、自然的特质，在年轻人中推广开来。

　　在对花草茶包装设计的同时，融入对茶品原料特质的感悟，改变了花草茶包装一贯色彩浓艳、风格趋向雷同的形象，让人们在品茶前就能通过包装风格感受到花草原料自然纯净的本质。旨在塑造纯净自然的品牌，设计元素是取自不同花种简洁柔美的生长造型，运用手绘线描的艺术表现，尝试重塑花茶产品清新自然的形象。

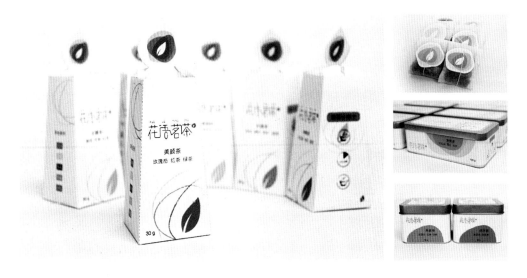

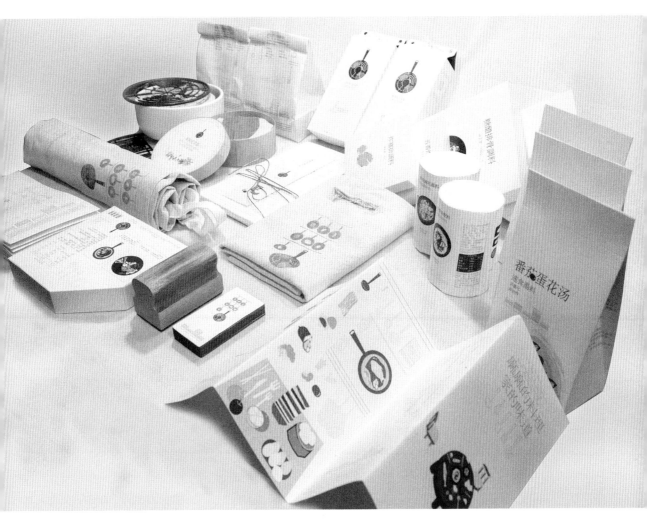

《萱堂七事》品牌及包装设计

作者：沙芳璐

指导老师：魏洁　崔华春　姜靓

　　于当下快节奏的都市生活，忙碌的工作让人感怀每日在厨房里忙碌的母亲、妈妈的料理以及料理中所体会到的家的味道，餐桌上的饭菜便成了让人魂牵梦绕、一切动力的源泉；但这些都是大多数工作繁忙的上班族们没办法做到的，要么异地工作、要么没时间吃饭忙着应酬、要么自己也不会下厨，所以我希望有这么一家理想中的点解决这些问题，一边提供美味如同妈妈般的家常料理，一边感受到家的味道。

　　因此，在自己确定一个自己所拟的一个虚拟品牌《萱堂七事》，围绕母亲"厨房里的二三事"，进行品牌定位及相关系列的调料包等包装设计，将"麻麻的料理，家的味道"带到每一位怀恋母亲料理而没时间下厨、不会下厨的上班族"孩子们"的餐桌上。

《奥帆》海产品包装设计

作者：刘俞均

指导老师：朱华

　　青岛是著名的旅游城市，为来青岛旅游的客人设计一种旅游海产品的包装，既有实用性又有纪念意义，还绿色环保。经过市场调查发现，青岛市场有许多散装海产品在卖，商家大多使用塑料袋包装，而换为敷膜纸质包装较卫生。为提高城市形象，促进销量，所以为其设计盒型包装。

《兔如意》品牌包装设计

作者：张艳
指导老师：王安霞

　　出于对传统纹样和插画都非常喜爱，所以想创作出一个以兔子为原型的富有东方气质的运用到传统纹样的卡通形象，然后以卡通形象与包装相结合，设计出一系列生日包装设计。

　　创作出受 0 ～ 12 岁的小女孩或者对此方向感兴趣者喜爱的插画。然后通过插画与包装设计的结合，设计出一系列"兔如意"主题礼品包装。因为本着看到孩子幸福的笑脸这个目的，所以创作出的可爱系列的插画，如果在孩子生日的时候，能够带给孩子快乐和惊喜，就是我的设计目的所在。在包装颜色的选择上，我选用了红色和白色。非常简单明快。大面积的红色，让生日气氛更热烈。让一年一次的重要日子，在积极的颜色包围中留下更深刻的印象和美好回忆。

《傩》——文化传承与发展视觉设计

作者：张冲

指导老师：王安霞

　　傩戏包含的内容是：集宗教文化、民族文化、表演文化、服饰文化、语言文化于一体。它对研究我国少数民族的风俗习惯、生活方式等有着重要的引导作用。

　　在设计的过程中，大胆尝试以新的设计手段、新的设计方法对原有的傩面具图形加以总结和概括，希望能够打破别人对于傩文化的传统看法，运用现代的设计理念，将原有的面具图形结合现代时尚的几何图形形态来再设计，将传统与现代有机地融合，在保留中国传统风的同时又兼具现代的卡通时尚感。

《A Puff 俗噗可耐》——逆主流俗物品包装设计

作者：罗琛
指导老师：朱华

　　针对一批特殊的年轻受众，与俗文化相结合，做出时尚的、潮流的随身装饰品牌，研究找出与特殊年轻受众相符合特定的俗文化，并将两者结合起来，以寻求二者共鸣，这就是我设计这个品牌的初衷。

《五味人生》谷物品牌包装设计

作者：宋昀
指导老师：王俊

　　现在的人越来越注重生活品质，每一点细节都精益求精。作为人生礼仪中必不可少的婚礼，现在的年轻人追求的是特色。更多的是为了传递情感。我搜集传统喜庆纹样参照中国传统的剪纸工艺，雕刻完成后装订成册作为签到册使用。运用传统纹样绘制请柬，其中封口处理上运用火漆印的工艺。选用质地较为柔软的松木，展示中雕刻的为"共婵娟"字样，意为相知相守。用十字绣的工艺取代传统桌卡，实际运用中吉祥用语的部分可用桌位号或宾客名代替。并且把水彩晕染效果插画后期经过电脑修正运用到部分包装中。

《寄相思》香包包装设计

作者：肖易萌

指导老师：王安霞

　　课题来源于中国庆阳香包文化，针对庆阳香包的特点制作与之相对应的香包包装设计及相关文化推广设计。庆阳香包大体有五种类型：头戴型、肩卧型、胸挂型、背负型、脚蹬型。庆阳香包以其古拙质朴、富有原始文化遗存和手法奇特而区别于国内其他香包，有其显著特点。

　　以自创品牌《寄香思》为出发点，通过设计，以香包包装为主体的设计。通过设计常采用的设计方法如打散重构等进行图形变换，并把图形应用到包装中。图形变换有很多种方式，准备多方面进行尝试，图形进行方格的分割重构、条形分割等方式方法都可进行尝试。

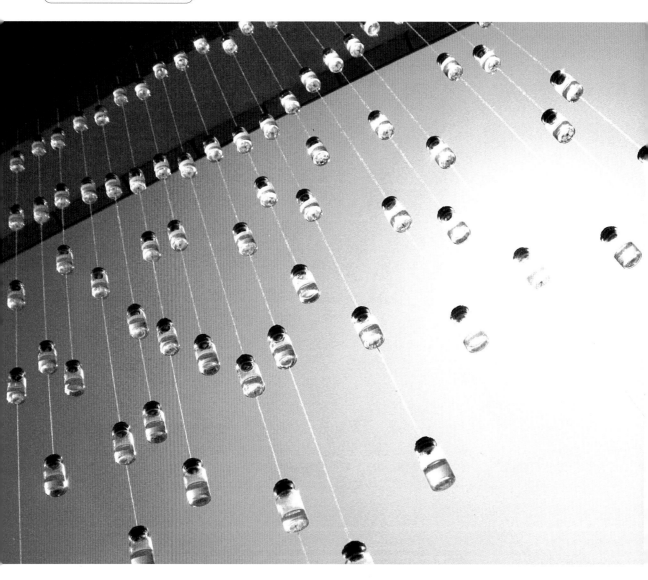

《一帘秋雨》雨帘设计

作者：王小雨

指导老师：过宏雷

　　"一帘秋雨"——为其取了一个挺诗意的名字。这一串串的瓶子装载着秋的眼泪，装满了秋天的离愁别绪。当秋天的思绪和人们的哀愁进行无形的结合时，小小的瓶子里就不只是秋天的寓意了。

　　许愿瓶虽然已不是单纯的许愿用的瓶子，但是其中同样可以寄居人们的思想，人们看到这一颗颗的瓶中水，将自己的情感寄托其中，从而使内心得到无形的慰藉，这时的"一帘秋雨"并不只是让人们感受秋之韵味，更多是让人们得以感情的释放，从悲伤、惆怅中解脱出来。

《秋露》沐浴露包装

作者：邱梦圆

指导老师：过宏雷

秋天的天气比较干燥，人们会更加注重对皮肤的保护，从天然植物中提取的成分更加安全、健康、自然，可以更好地呵护皮肤。此款沐浴露包装运用利乐包装的造型，旨在强调沐浴露的纯粹天然，甚至可以达到可实用的程度。半透明的材质更好地展现沐浴露的色泽，让人能更好地了解这款沐浴露。在包装中运用天然植物的剪影作为装饰，映衬着金色的沐浴露，看起来好像是秋天的原野，散发浓浓的秋意，仿佛把整个秋天的精华都装在这瓶小小的沐浴露中。

地毯设计

作者：刘小艺

指导老师：过宏雷

　　秋天，人们缅怀生命的凋零。大自然为大地包裹上了一层金黄松软的叶毯，似乎寻求到一丝温暖。我受此启发设计了一款落叶低碳地毯，该地毯设计以工厂加工坏的皮子为主要材料，通过剪、缝、捆扎等手段，做成一片片仿自然界的皮树叶，然后缝制在一块编制好的地毯上，从而将户外的金色叶毯搬进居室。皮料的叶子，踩上去软软松松的感觉，别有一番韵味，光着脚丫，体验一番童真。无论在卧室，还是放在客厅，或堆在沙发上，都给生活平添一份生机。

《秋天的味道》包装设计

作者：金蕾
指导老师：过宏雷

　　苍耳是秋天独有的植物，而且本身的结构就具有传递性，它利用这种结构来传拨种子，而我们可以利用它作为载体将秋天的味道附着到日常生活中的织物、毛皮等上面。更重要的是苍耳总能唤起童年的回忆，或许你的童年也曾有过用苍耳作弄玩伴或被玩伴用苍耳作弄的经历，用它来传递秋天的味道，传达的已不仅仅是嗅觉的美感，更多的是一份心情。苍耳的包装形式有四种：日风木质盒装、炫彩糖果式包装、扭蛋形小包装、条状系列。材料上用到了木质、塑料、片基等，但总体上都遵循了展示苍耳本身的结构和颜色的主旨。而颜色上的系列化也贯穿了所有包装的设计。

《秋福》设计

作者：邵亚楠

指导老师：过宏雷

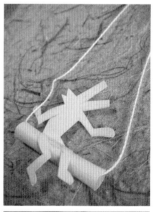

对于"秋"概念包装设计，我从自然界中寻觅到了洋洋洒洒的蒲公英的种子。微风轻拂，许许多多的蒲公英洋洋洒洒地随风起舞，我选择它做概念，将蒲公英的种子飞落传播种子这一自然现象寓意于我的"秋"概念包装设计中。

晚会现场、生日PARTY、漆黑的环境……通过推力对喷筒的作用，许许多多蒲公英被同时发射出来，每个蒲公英单体轻轻盈盈地随空气的流动飘落，体会从天而降的祝福。蒲公英种子的伞部用毛钱或纤维类物质构成，可使其随意飞扬，伞部表面做成了一闪一闪的发光效果，在漆黑的环境中格外显眼，轻微闪烁，营造了奇幻的氛围；丝线链接伞部和蒲公英的种子，我将原先蒲公英的种子部位换成了可写祝福语的小纸卷，每个人可把自己对他人的祝福写在上面，装进蒲公英，借助它的洋洋洒洒，将祝福传达。另外，在每一个纸卷上我还加入了不同造型的可爱卡通小人设计，小人与绳和纸卷之间产生了一定的互动性，同时也给收到祝福的人在打开纸卷的瞬间增添了趣味性

菊花茶包装

作者：向奇琦

指导老师：过宏雷

　　我从对秋天联想到的事物中选取了"菊花"，再由菊花想到了具有保健功能的菊花茶。考虑到菊花茶必须保持新鲜度及卫生，包装必须为密封包装。从购买菊花茶的消费者心理出发，消费者需要通过包装对菊花茶进行观察，同时要展示菊花的美感。因此，想到采取半透明的包装材质，以便展示菊花茶本身的质量以及它所特有的美感。此次设计的菊花茶包装不仅是菊花茶的外包装的设计，而且，把菊花本身也设计了一番，不止只是使用功能，还注重观赏、艺术等价值，注重一种对秋天的情感表达。

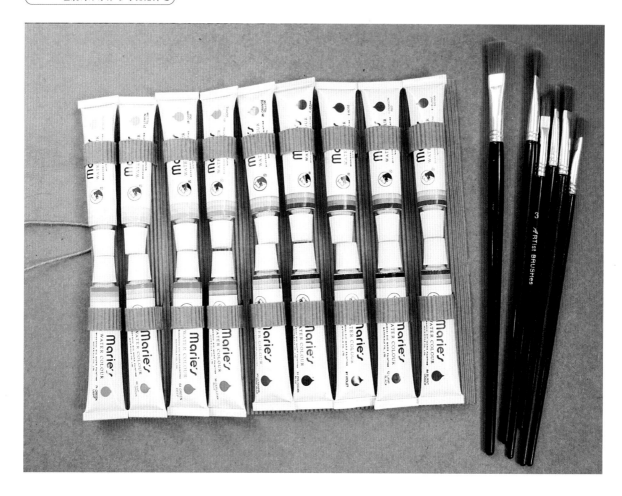

便携式颜料、画笔包装

作者：邱梦圆
指导老师：过宏雷

　　针对喜爱写生的画者和一些需要带着画材四处奔走的考生，我设计了这套颜料和画笔的包装，希望通过包装结构的改变，能够使得颜料和画笔既容易收纳又便于携带。

　　包装利用倒梯形的插口，将颜料固定在可以卷曲的瓦楞纸板上，分为两层的插口，将颜色分为冷、暖色系，更方便选取颜料。画笔插在颜料和纸板的空隙之间，既节省了空间，又将画笔一根根分开、悬空放置，不易将画笔弄歪。当需要使用的时候，只需要把颜料和画笔抽出，使用后经过简单的卷曲又能将颜料和画笔快速地收拾起来，使用方便。透明的塑料外壳容易让消费者了解里面的结构，也是为了防水的需要。

文房用品包装设计

作者：邵亚楠
指导老师：过宏雷

　　散落的回形针、凌乱的笔……有没有一种文房用品可将它们一起收纳，而且使用起来也十分便捷，可随身携带呢？由此出发我设计了两款笔筒。

　　一是，由奶酪突发来的灵感，四棱锥的面上挖几个洞，大小不一，可用来插笔，而且可根据自己的喜好插入不同颜色、不同大小的回形针。回形针的取拿也十分方便。奶酪笔筒的单面有接口，不使用时可将其打开，展成一个平面，可随身携带，增添了产品的趣味性。二是，方形笔筒，它的展开图是一个矩形，在矩形中间画出几条水平线并对折便形成了此笔筒。这支笔筒同样可用来存放笔和回形针，造型十分简捷。

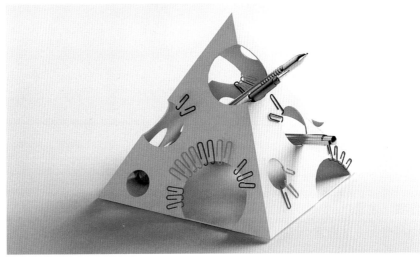

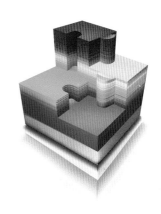

趣味便签设计

作者：金蕾

指导老师：过宏雷

选择便签这一小文具作为设计的切入点。现在市场上的便签通常只是从使用上可以满足基本功能，可我想便签可以有更多的开发的空间，也许通过设计可以给它平添几分生活情趣。基于使用趣味的考虑，设计了"piece together"（拼图便签）。

此设计对原有拼图的拼接方式进行提炼，使线条更简练，同时减小了原有结构取用时相邻便签间的摩擦力，避免了由于相邻便签间的摩擦力造成撕破。运用了拼图的结构，在使用时可以利用这一结构将相关信息的便签重新连接，增加了便签的趣味性。不锈钢底座可重复使用，给便签一个稳定的具有质量感的底座，摆放时不易倒。不锈钢底座可重复使用，使用完后可更换便签的简易装，节约了使用成本。过渡色的渐变炫彩设计使每一张的颜色都有微妙的变化，丰富的色彩有使人心情愉悦的作用。使用这样的便签自然心情大好。

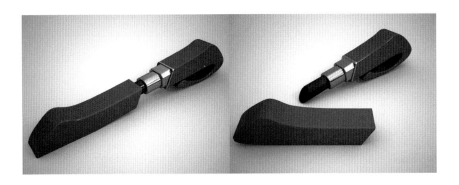

文房设计

作者：刘小艺
指导老师：过宏雷

　　墨是中国古代文人墨客书写绘画时不可或缺的文具，但是，往往墨锭在研磨到最后的时候，因为是直接抓拿，所以手占据了墨锭一定的面积，越到最后越不方便抓拿，有的就丢掉了，有的勉强艰难地研磨至尾。

　　由此为切入点，通过口红的联想，诞生了这款设计，这是一款像口红一样可以旋转的伸缩墨，在不需要使用时，有一个坚固的笔帽保护着里面的墨，使用时，摘下笔帽，旋转出墨，与砚台研磨，这样的设计干净纯粹，解决了墨锭不方便研磨到底的问题。这款口红墨的外形，为了更切合主题，我选择了一个汉字里的笔画"横"。合上墨的盖子，带在身上，就活脱一个笔画随时伴您身边，让您随时随地感受到强烈的文化气息。

彩铅包装

作者：向奇琦
指导老师：过宏雷

　　此彩铅包装受到女生常用的翻盖式镜子的启发，希望打破传统的彩铅包装，能创造一种新的包装方式，给人带来不同的体验。翻盖式盒装，包装盒材质为木材，体现一种含蓄的意境，并考虑到环保问题。包装盒开启处是由镶嵌在模板里的两块磁铁组成，能轻易合上盖子，又能合紧盒盖来保护彩铅。一般彩铅盒内都是设计凹槽来固定彩铅，而这个彩铅盒内部是采用一块斜面实心木板，再在斜面上设计一个个圆柱凹槽，彩铅就能一支支插进去，比传统凹槽更牢固，当你从这个彩铅盒里取出彩铅时，感觉自己就像化妆师拿出自己的化妆工具一般。

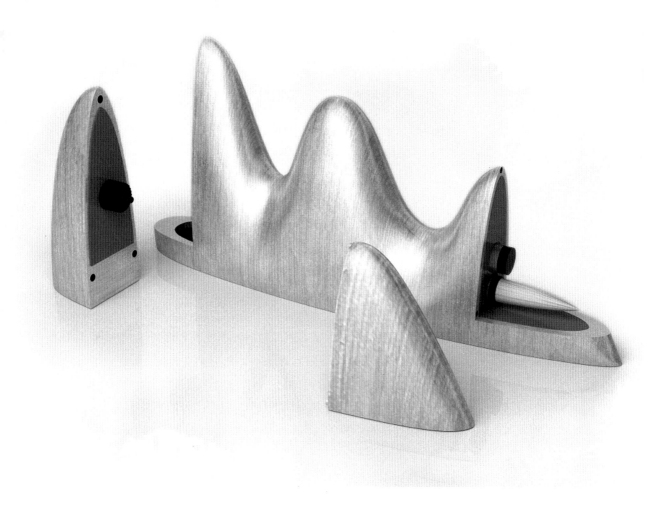

《染墨江山》文房设计

作者：任萌

指导老师：过宏雷

　　设计灵感来源于祖国的大好江山。产品的外形设计成连绵的山峰造型，简练大方，用金属材质来表现，力求表达一种简洁大气，以及古代与现代相结合的设计之感。

　　产品的功能方面，集合文房用具的几大功能于一体，使整个的产品呈现出精装版本的包装设计，精致的设计让产品适合成为送礼的佳品。产品的两端可分开，里面隐藏有文房用具的各种功能。这其中，最高山峰的一端打开后，分开的那部分即为一个墨水瓶，里面可存放墨水。矮峰的这一端打开后，隐藏着一支毛笔。毛笔分为上下两段，要用时可接起来，分别插放在两个孔里。

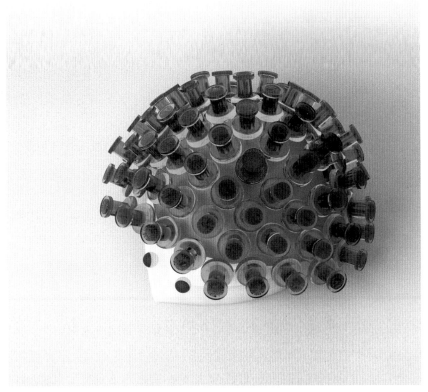

文房设计

作者：孙光远
指导老师：过宏雷

　　图钉是我们很常用的文化用品，用来固定便笺或作品。在使用中，我们常常不小心被乱放在桌子上的图钉扎到，但是如果把它们全部收到盒子里，取用的时候又不方便。因此，我设计了这样一系列的仿生图钉盒，它既是包装，又是文具。我们可以把图钉插在橡胶外壳上，便于使用；也可以把图钉放在盒里面，存放和携带都很方便。仿生瓢虫图钉包装设计将瓢虫的身体当作容器，它的翅膀作为盒盖，打开盒盖的时候，你看到的就是一只展翅欲飞的瓢虫。仿生刺猬是将图钉置换为刺猬的"刺"，充满了趣味性。

参考文献

刘春雷：《包装造型创意设计》，北京，文化发展出版社，2012。

莎拉·罗纳凯莉，坎迪斯·埃利科特著：《包装设计法则》，刘鹏，庄崴译，南昌，江西美术出版社，2011。

加文·安布罗斯，保罗·哈里斯著：《创造品牌的包装设计》，张馥玫译，北京，中国青年出版社，2012。

傅慧芬，苏亚民：《现代营销学》，北京，首都经济贸易出版社，2009。

贾旭东：《从 CI 到 CS》，北京，中国经济出版社，1998。

魏中龙：《CS 基本原理教程》，北京，中国经济出版社，2000。

李蔚：《CS 管理》，北京，中国经济出版社，1998。

尹定邦：《设计与经济》，广州，《包装与设计》编辑部，1997。

金子修也（晶）：《包装设计》，台北，台湾艺风堂出版社，1996。

高中羽：《包装装潢设计》，北京，中国美术出版社，1996。

连放：《CIS 的包装设计》，杭州，浙江人民美术出版社，1997。

杨敏仁：《包装设计》，重庆，西南师范大学出版社，2009。

李彬彬：《产品设计与消费者心理》，南京，江苏教育出版社，1994。

曾宪楷，张福昌，沈大为等：《视觉传达设计》，北京，北京理工大学出版社，2008。

寻胜兰：《从 CI 视点看包装设计》，广州，《包装与设计》编辑部，1997。

辛华泉：《视觉传达基础》，西安，陕西人民美术出版社，1996。

刘小玄：《包装设计教学》，南昌，江西美术出版社，1999。

罗越：《视觉传达》，哈尔滨，黑龙江科学技术出版社，1996。

Conway Lloyd Morgan 著：《包装设计实务》，李斯平，赵君译，合肥，安徽科学技术出版社，1999。

Sadao Hibi,《Japanese Detail—Traditional & Kitchen Ware》, THAMES AND HUDSON, Lodon Rockport Publisher,《Package & Label Design》, 1997.

本书是 2012 年度教育部人文社会科学研究一般项目 [12YJA790017]；中央高校基本科研业务费专项资金资助；2011 年江南大学自主科研计划青年基金项目 [JUSRP211A68]；中国学位与研究生教育学会立项自助项目；江苏省研究生教育教学改革研究与实践课题 [JGLX15_070]；设计学专业硕士研究生产学研合作教学平台的构建的研究成果。

2012 年度教育部人文社会科学研究一般项目 [12YJA760017]"建筑表皮认知途径与建构方法"研究成果。

2011 年度江南大学自主科研项目 [JUSRP211A67]"品牌视觉策略的多维拓展"研究成果。